コミュニティの政策デザイン

人口減少時代の再生ソリューション

細野助博
Hosono Sukehiro

中央大学出版部

はじめに

この本は、「霞が関や永田町からトップダウンではなく、地域からボトムアップで公共政策を考えよう。その地域の基本単位がコミュニティだ」といういたってシンプルな主張を、読者に事例を交えながら語ることを目的にしている。コミュニティをスタートとして地域で政策の企画立案、政策の決定、実行そして評価をすることで多様なまちづくりを実現しなければ、グローバル競争にも少子高齢社会が抱える課題にも、十分対処することができはしないと訴えたい。

日本各地のどの都市でも町でも商店街が空洞化し、大小の空き店舗には通る人がいなくなった市街地のさびしさがただよう。商業統計では平成一九年に一一二万店強生き残っているというが、年に三万店ぐらいずつ減少しているので、四〇年たつとほとんどゼロとなる。こんな単純計算は絶対成り立つはずはないが、この店舗減少率は異常というしかない。

全産業を対象にした事業所統計で見ても、平成に入ってすぐ廃業率が開業率を超し、それ以来、開業率は廃業率を下回ったままの状態にある。新たなビジネスの台頭によって、国でも地域でも活性化のエンジンが回りだす。また、「若い人口は職や快適さを求めて移動する」。雇用する力のある十分なビジネスを準備した国や地域が、彼らの目指す地域なのだ。そこに国境がない時代なのだ。そして、若者こそ次の時代を創造するエンジンであるから、彼らを生き生きさせるためにまちづくりをすべきだ。そのためには、彼らの想いや失敗にもっと寛容になるべきだ。

この当たり前の原理原則が現実の政策に十分反映されないもどかしさが、今の日本を取り巻いている。時代の歯車を回し、問題解決に向かって一丸となって動き出すパワーが、若い世代にもあまり感じられない。時々、彼らが「無関心を装う」場合も多いと感じる。どの地域も少子高齢化の波をかぶっている。人口の一極集中が止まらない東京圏も例外ではなくなってくる。しかし、「将来が不安だから、国よどうにかしてくれ」という声が、どの地域でもめっきり少なくなっている。頼みの綱の霞が関や永田町に対する国民の信頼が揺らいでいることもあるだろう。

この危機的状況の中で、いくつかの曙光が見えだした。自前の解決策を模索するしか地域が生き残れないことを、「地域自身」が自覚しだしたのかもしれない。若者の大都市への移動、産業の空洞化などを受け、ずたずたに分断された地域社会を再び繕って補修する「まちづくり」の作業が、国内のコミュニティ（地域）を出発点としてようやく始まろうとしている。その「まちづくり」の萌芽を少し紹介したい。

松山駅から予讃線で宇和島を目指した事例を紹介する。宇和島の若者を中心としたまちづくり集団「拓巳塾」「Beppin《べっぴん》塾」の共同研究会に参加した。三月なのに県境は雪に見舞われ、遅れに遅れた電車で宇和島へ。往時を偲ばせる耕作放棄されたみかん畑とみかん御殿が散在する中山間地を抜けると、春の宇和島湾が車窓に飛び出してきた。降り立った宇和島駅にはヤシの木が並木通りを作り、南国の香りがいっぱいだ。真珠や鯛などの地魚を中心にして、地産地消や「地域ブランド作り」に励んでいる。四国の西端の地の利なのか、市街地商店街もなかなか元気なのだ。国内航空会社からの人材派遣や東京の大学との調査研究交流事業など、けっして内向きではなく、むしろそと者の目や耳を積極的に活用しようとする姿勢が爽やかな印象を与える。平地が少ないこの地域、さんさんと輝く太陽が温めてくれる段々畑で収穫される「早生《わせ》のジャガイモ」が高値で取引される。山海の恵みに感謝しつつお互いに飲みニケーションに励み、地域相手の事業を創意工夫し、仲間同士励まし合いながら、これから始まる都市間競争を何とかしのいでゆこうとしている。このコミュニティのまちづくりに見習うところはたくさんある。ロマンと好奇心を持ってそと者の能力を活用しようとする天賦の才を持っていることは、その一つといえる。

しかし、この種の活動は何も現代の特許ではない。時間をさかのぼって、明治の事例を紹介する。

かつて「風待ちの港」や近海漁業の港を多く抱えて栄えた西伊豆は、鉄道が敷設された東伊豆に観光の表玄関としての地位をすっかり奪われた。交通の便が地域の明暗を分ける。伊豆半島西側の付け根に近い松崎町は、国の重要文化財「岩科学校」で有名だ。「文明開化」を象徴するかのような和洋折衷形の岩科学校は、明治初年に現在の価値で二億円に相当する金額で建てられた。これが地元を中心とした篤志たちの拠出金ですべて賄われたからすごい。学校の入り口近くのガラスケースに、寄付金額が書かれた帳面が陳列されている。帳面には当時のお金で何円もの大金を寄付する大店や地主がいることや、寡婦と思しき人が乏しいふところから三銭という寄付をしていることが記されている。「次代を担う若者の教育」事業は、ほとんど地元全世帯がなけなしの金品を集中的に投下しての一大事業だった。「ひと作り」への努力は古今東西を問わず重要であるが、この岩科学校に隣接する現代の岩科小学校は、少子化の影響で廃校となり、今は使われてはいない。昼間歩く人はまばらでそれも老人の多いナマコ壁の町並みが往時の栄華を偲ばせる。若い世代が去ってしまったこういった町や村が、どんなに多いことか。そして、社会のきずなの単位ともいってよいコミュニティを都会でなくとも喪失して、修復されないでいる。

若い世代を養育ししっかりつなぎとめておく十分な環境作りを、ハードとソフトの両面から充実すべきだ。チャンスを求めて移動する若い人口に十分な雇用先と十分な子育て施設を準備できなければ、彼らに希望も次世代を創造する機会も与えることはできない。その証拠に、若者が集まり婚姻率が最も高い東京都の出生率が最も低い。東京一極集中の負の部分がそこにある。多様な魅力を各地域が創造したり再発見したりすることで、画一的な地域政策に終始した中央集権的な「均衡ある国土の発展」と決別すべきだ。「霞が関版地域発展モデル」の賞味期限は切れてしまった。小泉政権は審議会とは一線を画した諮問会議や構造改革特区制度という政策イノベーションを提供した。そのイノベーションから派生した実験のノウハウが蓄積されてきた。そのノウハウを活用して行政と住民の協働による地域主導で、多様な生き方やまちづくりを目指すべきだ。その意味では、コミュニティを出発点とした新しい国家モデルをデザインすべき時代に入ったといえる。

ところでコミュニティ、この言葉の響きはどうだろうか。「ぬくい関係」、「馴染みのメンバー」、「以心伝心のコミュニケーション」などの連想がいとも簡単にできる。この連想をつなぎ止める「共通の価値」が生まれる空間を、本書では「コミュニティ」と定義する。その空間は「場所」あるいは「地域」と呼ばれるものかもしれないし、インターネットやそのほかの通信手段を通して形成される「バーチャル（仮想）空間」などと呼ばれるものかもしれない。しかし往々にして、コミュニティが求心力を持って広く外部に認知されだすと、メンバーの外では内向き、排他的な響きさえその延長線上に感じる場合がある。そして実際に排他的力を伴った力学が働きだすこともある。このマイナスのベクトルをどう克服するか、コミュニティの最大にして永遠の課題だ。さらにマイナスベクトルが「活動のエンジン」の場合さえありうるからやっかいだ。マイナスベクトルを社会的課題解決のエネルギーに転換する政策デザインを、理論的知見と事例を踏まえながら本書で進めてみたい。

筆者が『スマートコミュニティ』（中央大学出版部、二〇〇〇年。韓国版あり）を世に問うてから、一〇年目を迎えた。その時に指摘した社会的課題は、ほとんど「まだまだ未解決」の状態にある。ぬくい社会は変化がのろい社会なのだろうか、あるいは変化を好まない社会なのだろうか。この一〇年間、グローバル化は一段と進み、その質的変化のスピードはむしろ加速している。「日本のガラパゴス化」が指摘されるのも、至極当然である。この危機意識のもとで、地域から主張し実践する政策デザインを示すために本書は生まれた。

さて、本書の構造を述べる。第一章では、リーマンショック後の社会経済の変容を受けて地域がどのような変貌を遂げようとしているのか、中心市街地とメガモールの相対的バランスの転換や若者の大都市集中の社会的結果について、かなり大胆な思考実験をする。第二章では、ＯＥＣＤデータが示す日本の危機的現状が、日本の温情的社会秩序を地域社会の深層から覆しつつあることを指摘するとともに、社会的格差の本質について語る。第三章では、「市場対国家」図式から脱却した思考の重要性を語り、政策イノベーションの重要性について語る。第四章では、ＮＰＯに内在する問題点も指摘しながら、地域が抱える諸課題の解決にＮＰＯなどがどう関わるべきか、行政がどうサポートすべきかについて語る。第五章では、最新のネットワーク理論にも言及しながら、これからのコミュニティビジネスのあり方について語る。第六章では、人口減少時代の都市間競争と地域活性化の条件を、人口データの動きを中心にした実証分析の結果に基づいて語る。第七章では、教育の重要性と、それを支える産官学連携のあり方について、多摩地域の事例紹介も含めて語る。第八章では、若者の人生設計の手詰まり状態が時代の閉そく感を高めるという認識の上に、安倍政権で打ち出された「再チャレンジ」プログラムを活用した産官学連携の活動の有効性について、多摩地域の事例を中心に語る。

ところで、本書の事例はほとんどが筆者の経験と実践活動に基づいている。しかし、その裏には「公共政策」をベースにした理論的検証を含んでいることを述べておきたい。

再び問いたい。『スマートコミュニティ』を世に問うてから一〇年。何が変わり、何が変わらなかったのか。あるいは変わるべきで変わらなかったものは何か。一〇年前に抱いた課題認識が今も十分当てはまっているとは、何を意味するのか。日本が本当に変わるべきだとしたら、残された時間はそれほど多くはない。それらの課題のソリューションを見つける旅を、これから始めよう。

二〇一〇年　夏休みで静寂の戻った多摩のキャンパスにて

著　者

目次

第六章　人口減少が演出する地域間競争

第七章　教育こそが国の主力エンジン　223

第一章

スケール神話崩壊の時代

パラダイム・ロスト

『一般理論』の社会哲学を語った最後の章で、ケインズは、「結局我々の考え方は過去の知的遺産に制約されている」と、警句じみた言葉で結んだ。その意味は、英国を代表するジョン・サットンLSE教授がいうように、病んだ経済を語り有効な処方箋を提示できる『標準的パラダイム』などは一切存在しない、せいぜい、多数の専門家によって提出される「ほどほどのパラダイム群」の中から処方箋らしきものを選び出すしかない、ということなのだろうか。あるいは、一九世紀を代表する数学者ラプラスが「視覚に錯覚があるように、精神にも錯覚」があると述べた意味と、一脈通じるものがあるのかもしれない。そういえば、筆者の付き合いのある狭い学者世界ではあるが、政治学者は政府の機能に期待しすぎるし、経済学者は市場の機能に期待しすぎると感じるときが間々ある。

かつて「標準パラダイム」と考えられていた物価上昇率と失業率のトレードオフ論が、スタグフレーションという現実の前にもろくも崩れ去ったように、新古典派経済学の市場万能論もそろそろ退場すべきときを迎えつつあるようだ。「市場」と「政府」は、歩調を合わせた協調を国際的な視野から行う時代が到来したといってよい。今回のサブプライムローン問題に端を発した世界同時の金融危機に対して、「市場の失敗」と「政府の失敗」の同時的連関という制度的リスクを云々する論調も出てきている。

「市場の失敗」は、想定内のリスクだけを考慮した超楽観的でご都合主義の思い込みとその裏をかいた強欲の支配するシステムに、神の見えざる手を支えるはずの「超合理性」で想定されるグローバルではあるが誰も責任もリーダーシップも取れない経済システムが負けた結果として現れた。また、「政府の失敗」は、専門家による熟慮を前提とした十分な時間と議論に裏打ちされたと期待したい政策の決定と実行が、当事者の予測を超えた影響をもたらすことを「予見」できなかったことによる判断の間違いによって引き起こされた。

世界を巻き込んだ金融危機は、金融機関の破綻や国有化で全面株安と将来不安の中で、消費態度を萎縮させる「逆資産効果」をもたらした。マクロ経済の需要側面で六〇～七〇％とほとんど大半を占める消費の低迷は、やがて研究開発を含めて投資に悪影響をもたらし、雇用面を直撃し、実体経済の先行きを不透明にする。世界経済を構成するアクターである各国の消費者も企業家も金融関係者も、リスクを過剰なまでに恐れる「臆病」者だとすれば、各国の政府当局が一致した協力ゲームを展開しなければ、またぞろ「自分の国さえよければ」のブロック経済化が首をもたげ、非協力の「囚人のジレンマゲーム」の負のスパイラルに陥り、奈落の底に待っていた第二次大戦の愚を再現する可能性も否定できない。

幸い、G20を中心とした国際協調と、新興国として着実に力をつけつつある中国やインド、ブラジルなどＢＲＩＣｓを中心に、高い経済成長に裏打ちされた旺盛な需要が、世界経済を需要不足から救ってくれそうだ。しかし事態はそれほど単純ではないかもしれない。

スケールの違い

東西の冷戦構造が崩壊し、同時にインターネットの世界的普及でＩＣＴ時代のニュービジネスの開花する中での新興国の台頭もあり、世界的に見れば市場規模は倍増したといってよい。この明るい側面を、「フラット化した世界」と呼ぶ場合もある。しかし世界市場の拡大で、今回の金融危機と世界経済の先行きとは「デカップリング（連動しない）」という楽観論が当初蔓延した。この楽観論は、経済大国日本がバブル崩壊後に始まった「失った一〇余年」の間も、世界経済は幸運にも堅調に推移したという各国の経験ともあながち無関係ではなかった。

しかし、「スケール」に注目すれば、日本が経験した一九九八年当時の金融危機と今回の危機は様相が違っていたといってよい。米国という基軸通貨国の金融システムに危機が現れたからだ。かつてレーガン米国大統領が高らかに宣言したが、「国家の威信と通貨の価値は比例する」のだ。小さな砂山にたとえれば、その一角が少し崩れたとしても、形状が一瞬のうちに変化することなどない。別段何もなかったように、均衡がやがて訪れる。しかし、山頂に大きな石がごろごろしている小さな砂山で、上から最大の石ころが転がりだしたと想定してみよう。小ぶりの石にどんどん衝突しながら転がってゆくとき、おそらく衝突された下の石もやはり転がりだす。こうした状況を繰り返してゆけば、山の形状は当初と似ても似つかないものに変化してゆくだろう。スケールの大小が全体の状態を変える効果の大小にまともにつながってゆく。米国を代表する経済学者であったガルブレイスの言葉を借りれば、「大きすぎれば、つぶせない」という「スケールの安全法則」が成り立つ理由が、そこにあったはずだ。

大きければ安全か

しかし、サブプライムローン問題での損失処理に失敗し、六、一三〇億ドル（当時の日本円で約六四兆五千億円）の負債総額で米国史上最大の倒産を記録してリーマン・ブラザーズはつぶれた。大きいことの安全性はこの会社の場合は当てはまらなかった。米国政府がＡＩＧを救済し、リーマン・ブラザーズを救済しなかったのはなぜだろうか。一つは大統領選挙という「政治の季節」に入り、「税金を使う」ことによって国民感情を逆なでにするような公的救済に踏み切れなかったこと、安易な救済に期待をつなぐような前例を作りたくなかったこと、リーマン・ブラザーズは以前から破綻の兆候を示していたことなどが要因としてあげられる。しかし、大型倒産の影響は、政策当局の予想をはるかに超えていたといってよい。今回のリーマン・ショックはそれほど大規模な「政策の失敗」だった。危機への認識を新たにした政策当局は急場しのぎの対策を時間切れにならないうちに講じる必要があった。それがＡＩＧの救済であり、最大七千億ドルの公的資金注入で資金不足の危機を打開するために上下両院を通過させた「金融安定化法」であった。さらに、国際間での疑心暗鬼の広まりを回避する必要もあり、Ｇ７やＧ20を中心に国際的政策協調に向けた動きが活発化した。最大の石である米国の失敗が、中堅どころの石や小石にぶつかりながら、世界経済を奈落の底に沈める愚を冒さないための措置が国際協調の下で講じられた。

しかし、リーマン・ブラザーズの倒産劇の後も、依然として「スケールの安全法則」が信奉された。あの世界企業として米国内外に君臨してきたGMさえ、秘密裏ではあるがなりふり構わずフォードに提携話を持ちかけた。そして相手に断られると、今度は独ダイムラーから切り離され低迷するクライスラーに交渉先を乗り換えるという迷走に隔世の感を禁じえない。市場競争に乗り遅れ存続の危機に立たされた企業が、生き残りをかけた窮余の策がこれまでライバルとしてしのぎを削ってきた企業間での合従連衡ゲームだった。しかし最終的には、「大恐慌の時代にも配当を出し続ける」体力があったあのGMも、とうとう国家の管理化に立たされることになった。どれくらいの企業規模になったら、安泰なのかといったスケールをめぐる普遍的な法則などありはしない。独占になるまで「生き残り」をかけ、永遠に合併買収を繰り返すのだろうか。それはともかく、市場の広さが企業の最適規模を最終的に決定する。

変身の思想・保身の思想

サブプライムローン問題に端を発した国際的な金融危機は、ひとまず小康状態なのだろうか、それとも「嵐の前の静けさ」なのか。中国などの新興国の成長力に期待するところ大なのだが、世界経済は依然として暗中模索の中にある。前者であれば、と誰もが願う。それくらいの衝撃を、世界は受けた。日本の経済システムに深い傷跡を残したバブル崩壊後の「失われた一〇余年」が、世界にどれくらいの波及効果をもたらしたか。当時はおそらく欧米もその他の国々も単なる対岸の火事ぐらいの問題でしかなかった。研究のため渡米期間中だった筆者は、メリーランド大学の同僚たちから「日本の金融システムを早くどうにかしないと、危ないよ」という忠告を何かの拍子に受けた程度だった。ところが今回は、G7、G20首脳会議や米国大統領の声明などが連日マスメディアを賑わしたことから考えると、サブプライムローン問題から派生するもろもろの問題が世界経済に与えるリスクの大きさに、今更ながら驚く。

かつては「マーケットに聞け」が合言葉であった。新自由主義、市場万能主義が世界の掛け声であった時代が、レーガン・サッチャー政権に代表される一九八〇年代以降続いてきた。その掛け声に忠実に一国経済を運営してきた「優等生」の国のいくつかが、奈落の底に突き落とされた。惨状に恐れおののいた国々はいっせいに、「自由放任から国の積極的関与」へと面舵を切った。「小さな政府」を唱えたアダム・スミスよ、さようなら。「賢人による政府」を唱えたケインズよ、こんにちは、という思想転換である。そして、国際協調とはいいながら相変わらず見え隠れするのは、ババ抜きのカード遊びで「ババのカード」を他国に引かせること、自国通貨を守ろうという国益優先という保身の思想である。

逆資産効果の影響

大きすぎる企業はつぶせないという「メガサイズの安全神話」は、米国投資銀行大手リーマン・ブラザーズの破綻でもろくも崩れ去ったと、先ほど述べた。救う価値のある組織かどうかはサイズにあまり関係ないことが世間に了解された。しかし金融界の損失の大きさがメガサイズであることを放置することのリスクの大きさから、恐慌を恐れる世界中の声に押されて国際協調での対策が練られた。株式市場の大幅下落を何とか食い止めるための対策が次々に講じられてはいるが、今回の世界的な金融危機による株価の一斉下落の影響が、これからじわじわと実体経済に影響を及ぼしてくる。総需要の六〇から七〇％を占める消費部門に、その影響が「逆資産効果」として及んでくる。

資産効果は株価や処分可能な土地などの資産が値上がりすると、それが消費に与えるプラスの効果のことをいう。逆資産効果はまったくその逆で、消費の足を引っ張る効果といえる。マクロ経済の大きな構成要素を占める消費にマイナスの効果が現れたら、投資行動に対するブレーキが利いてくる。すでに長い景気低迷の中で、家計は長期防衛戦の様相を示し財布の紐を締めなおしている。

この逆風の中での株価の同時値下がりが、「ニューリッチ」を最大の顧客とする都心百貨店の業績を軒並み直撃している。これまで、百貨店の勝ち組として君臨してきた一部百貨店が、有名ブランドに依存した高額衣料品の売り上げ不振から、郊外店舗の撤退や、不振の売り場コーナーの思い切った縮小に乗り出している。地方百貨店はいうに及ばないが、総合スーパー（GMS）も例外ではない。勝ち組のイオン、イトーヨーカ堂の二強も、軒並み業績悪化に見舞われている。PB（プライベートブランド）商品などで活路を見出したり、メガモールへの出店で生き残りをかけてはいるが、ホームセンター、家電量販店、ドラッグストアなどの専門量販店に比べて、品揃えの浅さや価格競争力で弱点が露出し、苦戦を強いられている。

他方、ドラッグストアも家電量販店も、業態の変化でさらなる成長をねらっている。ドラッグストアは最大顧客の女性向けに食料品や衣料にまでウイングを広げる戦略をとり、家電量販店も雑貨や高級ブランド品、書籍のフロアを設置する行動に出ている。流通大手の生き残りをかけた必死の努力は、底冷えする消費部門では死活問題につながるからだ。

メガサイズの安全神話

消費市場の全体的な縮小と競争の激化の中で、流通大手は新しい戦略を立てつつある。その代表が新業態の開発やＩＣＴを使ったネットビジネスや価格訴求型のプライベートブランド開発であるが、合併や経営統合の動きもそれに負けず劣らず盛んになってくる。どの業界でも、１＋１＝３の合併算術が成立するかどうか不明だが、大丸・松坂屋連合、阪神・阪急連合、伊勢丹・三越連合、西武・そごう連合が次々に形成されてきた。それに対して孤高を保っていた高島屋も阪神・阪急連合との経営統合を決定し、後に撤回した。これが、１＋１＝０の失敗か、あるいは１＋１＝３のシナジー効果に通ずるのか、今のところ判然としない。百貨店業界の全般的不振の現状からはそのシナジー効果は確認できず、今のところ1＋1＝1の生き残りの思惑しか見えてこない。往時栄華を誇った米国の百貨店が業態再編の荒波の中でメイシーズ一強時代に落ち着いた経験を日本も同じようにたどるのだろうか。

かつて世界のブランド企業が「おいしい日本市場」を目指して上陸し、銀座、原宿などの目抜き通りに旗艦店を出店した。しかし昨今の景気低迷や若者のファストファッションへの気移りで、日本市場はすっかり魅力半減となり、隣国中国へとそのウエイトを移しつつある。一流ブランドをなりふり構わず身につけようとする若い女性たちに違和感を覚えたかつての日本の情景が懐かしく思い出されるのは、身勝手というものだろうか。

アダム・スミスの定理

「分業は交換の力の強さ、あるいは市場の大きさに制約される」とは、アダム・スミスが一七七六年という今から約二三〇年余り前に刊行した『諸国民の富』で明確に述べた定理だ。この定理は、「分業によって生産性が上昇し、費用逓減あるいは規模の経済（あるいはスケールエコノミー）が実現するが、市場の拡大がまた分業をさらに促進し、事業体の規模拡大を容易にする傾向がある。しかし市場の広さは一定ではなく、時間とともに拡大と収縮を繰り返してゆく。とすれば分業の程度もそれによって変化し、規模の経済が有効であったり、足かせになったりする」ことを述べていると見てよい。では、規模の経済が有効に働くとは市場が拡大したときだろうか、縮小したときだろうか。

最近の例でいえば、地上波が「アナログからデジタル」に切り替わることを契機に、液晶やプラズマの技術を使った薄型のテレビ受像機が普及したケースを参考にすれば、新製品の普及に火がつけばさまざまなブランドが店頭に並び、競争が促進される。それと同時に大規模生産化により価格の下落が開始される。ある程度普及した段階で市場は安定から収縮へと向かい、供給側は競争の勝者と敗者に分かれる。しかし、損益分岐点をクリアできない限界企業からなる敗者は市場を退出し、あるいは勝者による合併買収が起こり、寡占化は一段と進む。米国自動車メーカー、ビッグスリーが主戦場としてきた大型車の市場が、環境問題の高まりや消費者の好みの変化や石油価格の高騰などで急速に縮小し、また日本メーカーとの競争に苦戦しても有効な打開策が出せない状況にある。これに嫌気がさしたため、株価が低迷して資金供給の蛇口が絞られてきつつあることも米国ビッグスリーをはじめ巨大企業の苦悩を倍化させた。そして、安価で燃費も優れ、しかも環境に優しい「エコカー」開発に向けて、合従連衡の動きが急速に開始された。アダムスミスの定理は、ビジネス生態学の基本原理でもある。

量から質の時代へ

二〇〇七年にピークを打ちずっと下降を続けている消費者態度指数に代表されるように、長らく低迷する消費環境の荒波にもまれ続け、代表格である百貨店業界をはじめ我が国の流通大手の多くは明確な打開策を講じきれていない。この業界も米国ビッグスリーと同じく、合従連衡を通じて生き残りを模索中だ。前述のようにいわゆる百貨店「三強時代」が到来することになるが、手放しの礼賛はできないのではないか。消費低迷時代の中で、ファストファッションの代表的企業であるユニクロやH&M、そしてヤマダやケーズデンキ、ビックカメラといった専門特化のパワーリテイラーといった快進撃組、競争激化の中で新業態開発に活路を見出した一部ドラッグストアとの業態間の成長格差が厳然と横たわるからだ。またアウトレットモールなどに流れ出る若者市場のニーズを十分にとらえきれていない営業成績が百貨店の屋台骨を根底から揺さぶっている。

日本に大衆消費社会が訪れる前から、百貨店ビジネスは三越に代表されるように消費の先端部分を担ってきた事実がある。ファッションであろうと、食品であろうと、都市文化であろうと、常に時代の羅針盤、時代の先導者だったはずだ。現在かろうじて、新宿の伊勢丹がファッションとデパ地下の食料品で新機軸を打ち出し、勝ち組の一番乗りを果たしたが、三越や有力地方百貨店との連携後はあまりぱっとした話を聞かない。しかも、高級志向のファッション戦略が金融ビジネスやITビジネスなどで成功を収めてきた「ニューリッチ層」を最大顧客としたものだっただけに、国際的金融危機のあおりを受けて低迷する株価に連動したのか一気に勝ち組百貨店も低迷期を迎えてしまった。しかし、財布の紐が比較的緩いヤング層の取り込みにまだ成功しているとはいえない。単なる価格戦略の見直しだけでは不十分なのだから、彼ら彼女らへの本格的な取り込みには時間がかかりそうだ。

土曜、休日の大型アウトレットモールの盛況を目の当たりにしていると、安価だけではなく、質の良い商品の「時代にマッチした適正価格」がそこで支持されていることがわかる。店頭で販売される商品を上代価格の半値ぐらいの価格帯で提供するよう、ヤング層は百貨店に求めている。質を落とさないでこの価格帯を実現するシステムを、早く百貨店は開発しなければならない。しかしそれは、今までの商品調達と販売体制を取引先との間で抜本的に見直し、効率的資金循環と精緻な情報分析の裏づけで「川上から川下までの」戦略を見直す覚悟がなければ到底不可能だろう。百貨店が商品の質とサービスに関して消費者との間で築き上げてきた信頼のネットワークは、小売業界では今でも群を抜くと考えてよい。今後はその信頼のブランドを傷つけずにどう新販売戦略に結びつけるかが、提携戦略の成功の鍵を握る。単なる「売上高の大きさ」を競う量の競争の時代はとっくの昔に終わったことを自覚すべきだ。そうでないと、メイシーズの一強体制という構図が打破されない米国の百貨店業界のように、時代の流れに完全に取り残されてしまうだろう。

イノベーションの本質

サブプライム問題から、全地球的に陰鬱な経済が蔓延しています。こんなときだからこそ、元気の出る話題が欲しいのです。未来を開く技術革新はその代表ともいえます。

二〇世紀を代表する経済学者であるヨーゼフ・シュンペーターは、技術革新とは今あるもの（アイディアや物財や組織など）の「新しい組み合わせ」だと述べました。とても「組み合わせる」ことが不可能なものが、新しい発想と新しい材料で組み合わされることから「可能になる」ことなのです。

「組み合わせの不可能」なあるいは両立しえない（経済学お得意のトレードオフ）典型例とは、価格と品質の関係でしょうか。例えば、絹に代わってナイロンストッキングが発明されて安さと耐久性の両立が実現したことなどは、古典的な事例です。化学の発達でもたらされた合成繊維製品の代表格で、大量生産のメリットで価格が低下し、素材の強靭さから丈夫で長持ちが可能になりました。

さて、今ならユニクロの保温性のあるアンダー・ウエアでしょうか。こういった商品は前から主として一部の百貨店で販売され、下着類では相対的に高い金を出して着用されていました。とくに、釣りやガーデニングの愛好家に普及していました。そこでは質と価格は比例関係にあったともいえます。

その比例関係を破壊し、安価でかつ一定の質を確保した新製品でニッチ市場を老若男女おかまいなく一大市場にしたのが、ユニクロです。そういえば、「安価だがファッショナブル」を売り物にしたファストファッションのお店が、原宿に進出してきました。アイディアと経営革新との結びつきの勝利といってよいでしょう。続けて、同種の欧米系のファストファッションのお店も、原宿の目抜き通りに進出してきました。

技術革新がアイディア勝負ということはわかりますが、一歩も二歩もマーケットのニーズから抜け

原宿に進出したファストファッション

出すことが必ずしも得策ではない場合も多いのです。

例えば、高齢化し人手がなくなった農村を考えましょう。雑草が作物の生育を阻んで困るからと、製薬メーカー間で除草剤を開発する競争になったとします。枯れた雑草を取り除く作業も面倒だからと、芽が出る前に雑草の息の根を止めるような強力な除草剤を開発した企業Aと、確実に葉っぱを枯らす効果はありますが、根っこから枯らすことなどしない除草剤を開発した企業Bが競争するとしましょう。おそらく企業Bに軍配が上がるでしょう。

『可視化』の威力がここに出てきます。どんなに性能が良くても、圧倒的多数の顧客に理解や評価ができない製品に、勝ち目はないのです。若者の街・原宿への進出も、「可視化」といえます。一般大衆を相手にする場合には、なおさらです。自らが評価できることへの安心感は、評価できないことへの不安感に比較して何倍もの消費促進効果があります。

技術革新に裏打ちされた新製品の普及は、横並びいっせいになされるのではありません。

まず、先駆的に新製品を試す「先駆者グループ」がいます。その次に、発言力と影響力のある「創発者グループ」がいます。彼らのパワーが潜在的な市場を顕在化するとともに、市場の拡大に火をつけます。もちろん、「先駆者グループ」のお墨付きは重要です。このグループの評価に耐えないものは普及せず、即座に消滅します。普及こそが新製品の改良を促し、生命力をつける最重要なきっかけを作ります。

こうして顕在化した市場で「共鳴者グループ」がバンドワゴン効果で普及の加速度を上げ、普及過程の「一巡」に向けて最終場面を演出します。その過程で、新製品には（消費そのものも含め）いろいろなテスト意見や苦情が発生し、その処理と改良の過程が組み込まれます。また普及に支えられた量産が製造コストを下げます。

では、残りはどういったグループなのでしょうか。これは「日和見グループ」とでも名づけたほうがいいかもしれません。彼らに訴えるのは新製品の質でもなく、価格でもないのです。市場の熱気が冷めた頃ようやく目覚めるか、絶対に目覚めないか、いずれかです。彼らをユーザーに組み込むには、新製品が必需品になったときがチャンスです。ＰＯＳレジが一般に普及したときの例で納得がいくでしょう。普及のある段階でそれしか売っていない状況が出現したのです。いやでもどこでもＰＯＳレジしか使われないようになりました。ワープロ専用機が姿を消したことも、同じような理由です。

信頼のネットワーク

米国百貨店は合従連衡で集約に成功したが、消費者をつかみきれないで低迷しているといっても過言ではない。日本も含めて百貨店の合従連衡が消費者の支持を受けているとは到底思えない。「スケールの安全法則」は必ずしも妥当はしないだろう。勝ち組の百貨店でさえ、例外ではない。都心旗艦店だけがかろうじて黒字を記録しても、地方店や郊外店の苦戦が足を引っ張る構図ができあがっていて、そこから脱却するためいつでもスクラップ化が開始される状況にある。さらにこの合従連衡は、通りを挟んで店舗が向かい合うという非効率性を克服しなければならない。しかし、合従連衡は商品調達や商品開発の共同化などで効率化を図ることを主目的にしているから、店舗間の多様性を根本から改善し具体化する戦略が見えてこない。単に店舗のスクラップ化を促進するだけなら、顧客が求める選択の自由度を著しく損なう可能性を否定できない。それは顧客との間でかつて存在した信頼のネットワークを分断することでもある。

どの業態も、そこで生存する企業は、退出を余儀なくされる企業と比べて、取引先とのネットワークが密になる。と同時に、ネットワークの中心性（ネットワークのハブとなる条件）も時間とともに上昇する。逆に、業績の優れない企業のネットワークは退化し、分断されてゆく。

ネットワークを支えるのも、分断するのも、信頼に支えられた情報だといってよい。この信頼を支えるのは、取引における共存共栄体制だ。優越的地位の乱用が目立つようでは、状況の変化の中で信頼のネットワークは消滅する。

かつて繊維業の主産地が各県にあった。しかし日本型取引慣行の打破に四苦八苦するうちに、繊維産業は壊滅に近い状況に陥っている。中国からの安価な製品輸入に押されたことも確かだが、取引の不公正が多くの産地を疲弊させてしまったことも一因だ。

重厚長大型産業から軽薄短小型産業へと時代は移りつつあるというのに、同様のことが、中心市街地とメガモールの関係にもいえる。長期的には、メガモールの隆盛が中心市街地を疲弊させ、それが引き金となって地方経済を疲弊させ、メガモール自身も競争激化の下で疲弊する因果の連鎖が成立する姿が見える。地域経済との信頼関係を築かずに長期的生存は許されない。それは、小石とは根本的に異なる「スケール性」をメガモールは否応なく持ち合わせているからだ。一円が二倍になることと、一億円が二倍になることとの意味の違いを考えてほしい。

主要国の協調で国際的金融危機は沈静化に向かうだろうか。それは国際的に株価の持ち直しが先行指標となるだろう。「臆病で逃げ足の速いマネー」が株式市場に戻ってくることを意味する。リーマン・ブラザーズの資金ネットワークの傘下にあった日立市の「サクラシティ日立」が資金繰りに行き詰まり閉店を余儀なくされた。ＢＲＩＣｓなどの新興国に対する影響もじりじりと顕在化してくる。価格弾力性の高い商品が大半を占めるため、「逆資産効果」の荒波をまともに受ける百貨店ビジネスにとって、国際的金融危機の解決は一刻の猶予も許されないほどの重要問題といってよい。高島屋と阪急・阪神連合との統合ご破算劇はそのことを物語る象徴的出来事だったともいえる。もう「政治の失敗」を繰り返す余裕は地球上どこにもないのだ。

メガモール時代の終焉

平成に入って、無責任と無定見ともっと始末の悪いあきらめ感が全国の中心市街地を取り巻く一方、攻める側だったGMSなど既存の量販店も、中心市街地を取り囲むように立地したが、全国至る所、オーバーストアで過密競争状態に陥り、販売高が前年度実績で上回るような店舗は極めて例外的存在になってしまっている。そこでイオンやセブンアンドアイといった勝ち組の大手流通企業は、新しい戦略で全国制覇を競っている。かつて両社とも、五、六万－一〇万平方メートルぐらいのメガモールで「人工的な商業集積」を一気に計画・実現して、既存の業態の不振をカバーし、勝ち組の座を死守したいという戦略に出た。新戦略業態であるメガモールの規模は、ひところ大規模店舗法の規制対象規模が五百平方メートルだったことを考えると、隔世の感がある。

しかし、この種のメガモールの建設には、広大な種地を必要とする。店舗が納まる二、三層の建物ばかりでなく、それに付随して何百何千の車のための駐車スペースを用意しなければならない。大規模店舗法からすっかり「衣替え」した大規模店舗立地法は、きっちりその要求スペースの計算式まで用意した。

その結果、集客装置として使えるメガモールに代表される大型店舗にとっては、地価も高く十分なスペースもない中心市街地など立地の対象外となる。それで工場跡地や休耕地などにもっぱら建設されることになった。例えば、二〇〇七年に東京多摩地域の日産東村山工場跡地に作られたメガモールは、総敷地面積は一四万平方メートル弱である。GMSを核店舗に配した米国型の典型的なメガモールだが、オープン時に核テナントとして入った百貨店は撤退した。

このメガモールがどれだけの生命力を保持するかは今のところわからない。それはともかく、巨大なスケールで広域の商圏を自前で作り上げるメガモールの無政府的な出店ラッシュを、全国の土地面積の三分の一も適用できない「都市計画法」では、十分に規制誘導することはできない。

だから中心市街地は枯れ、郊外にはメガモールが林立する状態に業を煮やした全国の商店街は圧力団体と化し、中心市街地活性化法、大規模店舗立地法、都市計画法のいわゆる「まちづくり三法」の抜本的な改正となったが、広域行政による巧みな誘導策が講じられなければ、「もとメガモール」といった廃墟を各地で頻出する米国の二の舞となる可能性は大きい。

中心市街地は生き返る

まちづくり三法改正のねらいは、中心市街地のありように対する国の関与の強化と、メガモールなど一万平方メートルを超える大規模店舗の郊外立地に対する規制強化を実効性あるものにすることにあった。改正前は、「とにかく基本計画を策定し、高度化資金など商店街活性化の原資を確保しよう」となりふり構わず作文してきた市区町村の姿勢を、改正後は「きれいに清算」して国の直接認定に切り替え、優れた取り組みを「厳選」し、選ばれた地域に「集中的な支援」を講じようというスキームに変わった。このスキーム自体はいいが、厳選する基準が今一つ明確ではない。店舗や事業所の集積が誰の目にも明らかな昼間人口のボリュームや地域間競争に打ち勝つぐらいの魅力や、明確なコンセプトとか構想が完備しているような中心市街地が、今どれくらい残っているか。せいぜい、首都圏はじめ大都市と県庁所在地の市街地ぐらいでしか残っていないのではないか。トップを切って国の認定を受けたコンパクトシティ構想で有名な青森市や富山市の目抜き通りでさえ、ぽっかり空いた店舗跡や駐車場が並び、寂寥感が漂う場所がある。行政の方針が変わる場合もある。またぞろ地域の陳情に負けて「認定の大盤振る舞い」が始まらなければいいが。再び「空手形」を国民に与えるだけでは、あまりにも能がなさすぎる。

国土の大部分を占める都市計画法の未線引きの地域に、メガモールの立地に対して「規制の網」を本当にかけることができるのか。さらに、広域行政の観点がきっちりできていなければ、メガモールが約束する新規雇用と法人税の魅力に、どの市町村の心も揺れるはずだ。また、将来展望の開けない農家は、メガモールから定期的に入る地代や譲渡所得が、子供の教育や自らの将来計画には抗しがたいぐらい魅力的だ。

しかし、メガモールの時代はいつまでも続くはずがない。米国のメガモール時代は一九八〇年代から九〇年代の二〇年ぐらいで終わった。出店規制がブーム延命の効果を持ったとしても、日本では一〇年ぐらいだろう。それほど「金太郎飴」的で新規性に乏しく、広い駐車スペースとワンストップ性だけで、どれくらい飽きっぽい消費者を引きつけておけるか。それに、高齢社会の中で車依存型生活を放置できるだろうか。

「歩いて行ける、ヒューマンスケール」のまちづくりが、米国の主流になっている。かつて全盛を誇ったメガモールが、教会や小中学校や役所庁舎、それから倉庫などに衣替えしている。あの車依存社会、米国でもだ。高齢社会を迎え、生活の利便性をもたらす商業施設を併設した安全安心なまちづくりと、車なしでは利用できないメガモールとは、親和性がありそうには思えない。むしろ、歩ける範囲で生活者のニーズにぴったりの商店街を利便性のある核にした「中心市街地構想」こそが、無理のない環境保全と地域自立型のまちづくりの本来的姿ではないだろうか。そのためには、商店街の若返りへの抵抗など、乗り越えるべき課題は山積みしている。この方向性は、内外のケースを比較検討してきた経験からすると、おそらく間違いではないだろう。

人口は職を求めて

三大都市圏への人口移動が止まらない。二〇〇三年には三大都市圏の人口が全国人口の五〇%に達し、なかでも東京圏は全国の人口の二六・七%を吸収している。さらに二〇〇七年には東京都は単独で全国人口の一〇%を占めた。東京都が一〇%に達したのは、これが初めてではない。高度経済成長下の一九六五（昭和四〇）年から一九七〇年に年間三〇万人から四〇万人も東京都に流入し、ピーク時一一・一%に達した経験を持つ。これは、太平洋ベルト地帯を中心に重厚長大産業の集積が重点的に図られたからだ。雇用吸収力を持った大都市圏に向けて、地方の余剰労働力がいっせいに吐きだされた。しかしその後は、大都市圏に発生してくる住宅難や公害問題などもあり、一連の全国総合開発計画などの方針で人口と事業所の地方分散が政策化され、九％前後を行き来することになる。それでも二％内外しか低下しなかったのは、東京圏の人口吸収力が群を抜くからだ。

二度にわたる石油ショック後の経済成長の鈍化は、他方で景気循環の波を際立たせることになった。各産業の操業水準や収入は景気の波に大きく左右される。もちろん政府の反循環的調整策も頼みの綱ではあるが、各産業、各企業の経営は自助努力に原則ゆだねられる。各産業が持つ市場の大きさも時とともに拡大し、分業を進化させる。と同時に派生的なビジネスをも新規に作り出すが、アダム・スミスの定理で述べたように、「生き物と同様」やがて市場が縮小するライフサイクルを免れない。一つの産業が退場の時を迎えると同時にそれに代わりうる新規産業が即時に台頭するといった、地域経済を支える好循環がタイミングよく約束されている場合は問題がない。衰退のリスクを発展の果実が相殺してくれるからだ。

人口は需要を作り出し、供給を支える二面性を持つ。この二面性を質的な相乗効果を持たせ、それを持続的に発展させ「賑わい」を演出する中枢機能や情報回路は、ある一定規模以上の都市にならないと備わってこない。二〇万から三〇万前後の人口を擁する規模の都市だろうか。この基準からすれば現在自立可能な規模の市町村は、全国の市区町村全体の六・三％ぐらいでしかないことを念頭に置かなければならない。そして六・三％が真に地域活性化の核としての役割を担うことが必要なのだ。

一般的にいって、都市規模の増大は、需要と供給の多様化を通じてリスクを分散させ、労働市場の変動を滑らかなものに転換する。労働力を提供し生活する側のリスクも低下させる。操業水準に直結する労働指標は構造的な要因を多く含む完全失業率ではなく、労働市場の需給を即座に反映する有効求人倍率である。完全失業率よりも、有効求人倍率の地域間格差は一般的に大きく出る。したがって、地域間格差ゆえに、有効求人倍率と都道府県をまたいで移動する人口は連動性が高い。転入人口/転出人口比と有効求人倍率の関係が示すように、「人口は職を求めて移動する」。とくに、新規の雇用の可能性が高い若年層ほど、移動率は高くなる。地元へのこだわりや保有維持すべき資産が少ない身軽さがあるからだ。ただしこの極めてミクロ合理的行動は、ある水準を超えると混雑現象を作り出してしまう。人口の都市集中は居住コストや限りあるポストをめぐって発生する職探しコストを上昇させ、やがて追加的な人口移動に対する壁を作り出すからだ。その壁を乗り越えるためには、政府が年率二から三%の成長政策を明確に打ち出し、雇用対策などの支援によって、新しい就業チャンスを常に確保あるいは作り出すことが肝要なのだ。

コミュニティの時代

「市場対国家」の図式が時代遅れとなるほど、地域の中核をなすことが期待される二〇万から三〇万都市を支える町村や、それを下から構成するコミュニティが、これから重要になってくる。これらのスモールスケールの地域が独自性を発揮し、主張しだすことが地域の多様性を作り出し、地域の活性化をもたらす。人が住み、営み、そして人が訪れて、真の地域主権を実現することでもある。スモールスケールの強みが発揮される時代がやってきつつあるといえる。

さて、日本でも人口減少を食い止め、再び増加に転換させることは時間もかかるが、外国の例にもあるように出生率のV字回復は不可能なことではない。転換を可能にする政策デザインをどう構築するか。今までのように国や地方自治体に設計を一任するのではなく、ローカルに存在するコミュニティからボトムアップで議論を積み重ねてゆくべき時代だ。コミュニティも個々には小さな力しか発揮できなくても、大きな力を発揮することは可能だ。それには全国的なあるいは世界的な知のネットワーキングを形成し、あるいはその中に人々が自由に参画してゆく仕組みが必要である。多元的で多様な活動の過程で、きっと将来を約束してくれるソリューションが発見されるだろう。「コミュニティ再生への政策デザイン」発見の旅を、これから読者と本格化することにしよう。

グローバルとローカルの双方向性

ところで、グローバル化の波は、どの産業の行方に対しても競争とさまざまなリスクを複合的に用意する。それに十分対処しきれない地域では、立地する産業や企業は機動的な選択を迫られる。その選択の巧拙が産業や企業の将来を左右し、操業水準などの変動を通じて、あるいは新規の採用数の変動を通じて、労働市場に大きな影響を与える。

「フラット化する社会」とは、世界中横並びでいっせいに競走する社会の有様をうまく表現している。この厳しいグローバル競争での生存は、オフショアでの頑張りだけで保証はされない。むしろ、国内の隅々で営まれるローカルな諸活動の頑健さ、しぶとさ、優しさに裏打ちされなければ、国全体が砂上の楼閣と化してしまう。富士山の美しさはゆったり広がる裾野があったればこそ。「中央栄えて、地方滅ぶ」のゆがんだ図式を、今のうちに転換しなければならない。全国の人口がブラックホールのような大都市に吸い込まれ、大都市には保育施設の慢性的不足など、人口の再生産を拒む障害が数多く存在する。「人口減少を加速化させるシステム」の一大転換が、今緊急性をもって必要とされている。大都市への人口増加は、産業構造や社会変動の激しい時代には、世界どこでも普遍的に発生する。そしてローカルなテーマがいつしかグローバルなテーマに変化しうる時代である。グローバルなテーマもローカルのテーマに当然のように変化を求める。それは、一九八〇年代に日米の間にあった貿易摩擦を源流とした。日米構造協議で槍玉に挙がった「大規模店舗法」のてん末を振り返るだけで十分だろう。

第二章

格差と不安がもたらす危機

「憂鬱なる数字」の意味

戦後の高度経済成長は日本を世界有数の経済大国に育て上げることに成功したが、どうやら次世代の発展システムを準備することを怠ったようだ。有力な対抗力が育たなかったからだろうか。バブルがはじけてから、「経済優等生」の座から転げ落ちてしまった。

ＯＥＣＤと呼ばれる先進国グループ三〇カ国で比較した、日本の最近までのデータを紹介したい。まず、ＧＤＰ（国内での経済活動）成長率は一九九五年にスイスに次いで低成長を記録し、二〇〇〇年以降予測も含めて最低水準を記録更新中である。しかも二〇一〇年の予測でマイナスの成長率は低いほうからアイルランド、日本、スペインとなっている。他の二七カ国はすべてプラス成長となっている。

失業率は定義の仕方が国ごとに若干違うことを考慮すべきだが、ＯＥＣＤ諸国の平均値を下回ってはいる。しかし、隣国の韓国よりは水準が高いこと、一度失業するとなかなか職にありつけないこと、正規労働者のポストが年々減少していることを考慮するならば、この失業率の数値は低いと断定できるものではない。現に首都圏を除く地方圏の高校新卒就職率は二〇％すれすれかそれ以下の状況が続いている。未来を背負う若者を苦境から救う、彼らに熱い希望のエールを送ることが、本書の目的の一つでもある。また、中高年の再就職率の惨憺たる状況は目を覆うばかりだ。

消費者物価指数で見ると、日本はマイナスの数値が断続的に続いているから、我が国だけが長期のデフレ経済に陥っているといってよい。他の国はニュージーランドが一九九九年にデフレを記録したことを例外として、一から二%の低水準のプラスで推移している。「昨日より今日、今日より明日」の右肩上がりの経済で高いインフレに悩んでいた頃が、なぜか懐かしくなる。

賃金低下からくる将来不安は財布の紐をきつめに締めることにつながり、消費は盛り上がりに欠ける上に、価格志向が一段と進み、企業収益を直撃している状況にある。だから、民間事業所の賃金水準上昇率はスイスの二〇〇三年と翌年のマイナスを例外として、日本以外はどの国もプラスで推移している。だから政府は景気の一層の低下を恐れ、赤字国債を毎年垂れ流し続けた。その結果GDPに占める財政赤字の比率も日本が最悪のグループから脱しきれないでいる。

貿易収支は二〇〇七年までプラス基調を安定的に維持してきた。その後、つるべ落としの勢いで貿易収支の黒字幅は減少し、ついに二〇〇九年にマイナスを記録した。隣国中国が「世界の工場」になり、WTOにも加入したことから、手ごわいライバルに変身した。近いうちにGDPで世界第二位に躍り出る。貿易収支では相変わらず米国は巨額のマイナスだが、九・一一テロ事件やリーマン・ショック後の景気低迷から消費はふるわず、その分マイナスは減少しつつある。日本の成績表をじっくり反省することも必要だ（表1参照）。「憂鬱なる数字」が教える現実を直視することから、日本の救済策の糸口が発見できよう。

ところで、「米国が風邪を引けば日本が肺炎を起こす」と長らくいわれてきた。この構図は経済

表１：「憂鬱なる数字」で埋められたマクロ経済状況

	1990年	1995年	2000年	2005年	2010年（予測）
GDP 成長率（%）	7.7 (9.3)	1.4 (8.8)	1.1 (7.4)	0.7 (5.1)	−0.8 (1.6)
失業率（%）	2.1 (5.5)	3.1 (7.2)	4.7 (6.0)	4.4 (6.6)	5.7 (9.8)
消費者物価上昇率（%）	3.1 (4.6)	−0.1 (3.0)	−0.5 (2.1)	−0.6 (2.2)	−1.4 (0.7)
民間事業所賃金上昇率（%）	3.7 (8.0)	1.0 (3.1)	0.1 (4.8)	0.0 (2.8)	−0.7 (1.5)
合計特殊出生率（%）	1.54 (1.86)	1.43 (1.68)	1.36 (1.64)	1.26 (1.62)	1.30 (—)
一般政府財政赤字（GDP 比%）	2.1 (−2.9)	−5.1 (−4.7)	−7.6 (0.3)	−6.7 (−2.8)	−8.7 (−8.8)
貿易収支（10億ドル）	28.5 (−3.0)	74.9 (158.1)	68.0 (−208.8)	63.3 (−440.8)	−35.0 (−298.4)

（出典）OECD Economic Outlook №85、および OECD FACT BOOK 2009より。（　）内の数字は OECD 諸国の平均値。ただし消費者物価指数の（　）内の数字は EURO 諸国の平均値。また貿易収支の（　）内の数字は EURO 諸国の合計値。2010年の合計特殊出生率は世界保健機構（WHO）の推計値。

大国と自他とも許す割には依然通用する事実でもある。「外需頼み」の経済構造を脱しきれないし、人口減少時代に突入し、内需に大幅に依存する可能性をあまり追求できないジレンマの中に日本はある。現在、世界経済の薄氷の上の安寧は、ＢＲＩＣｓと呼ばれる中国など新興国の経済発展の恩恵でもある。今度日本は「中国が風邪を引けば」となるのだろうか。少子高齢社会を迎えて、奇跡を再来させるような経済的ポテンシャルがどれほど残されているだろうか。日本経済が世界に冠たる時期がそんなに遠くない昔にあったとしても、日本人一般の暮らしぶりはそれほど誇れたものだっただろうか。私たちはその反省の中からもう一度「本当の幸福とは何か」を手探りで探す旅に出ないといけない。一九八〇年代とはいわないが、九〇年の数字と現在を比較してほしい。文字通り各数字が「つるべ落とし」のように急降下している。と同時に日本の国としての評価も存在感も急降下を続けている。この原因は「政治の貧困」といってもおかしくはない。そしてこの政治の責任は有権者自身の責任でもある。

さて、旅を始めるために、少し過去を振り返ってみる。我々は、「日本の奇跡（ライジング・サン）」と呼ばれた頃から見て、なんと回り道をしてきただろうか。少しノスタルジックかもしれないが、輝いていた一九八〇年代にさかのぼってみよう。

一九八九年の一一月一八日号の『ロンドン・エコノミスト』誌を開いてみた。「米国の日本恐怖症（America's Japanophobia）」という記事が出ている。記事はまず米国の現状を紹介する。かの地のマスコミを中心にさまざまなグループが、生半可な経済知識と誤解に基づく誇張された予想で「日米貿易摩擦」を煽り立てている。これで醸成された日本と日本製品に対する悪感情が米国議会を動かし、ブッシュ大統領（前大統領のお父さん）に妥協しないタフな交渉を求めている現状を伝えている。

その頃、カーネギーメロン大学での夏期研究のために、筆者も毎年のように「鉄冷えの街」ピッツバーグを訪れていた。かの地の人々が日本人を見る目の厳しさに、一瞬たじろいだものだ。

さて、続けてこの経済誌は冷静な分析に筆を進める。「資本主義のルールで経済は動いているから、日本は異質ではない」と。しかも、〈四〇年も同一の政党が政権を担当している。首相の権限は小さい。首相官邸は官僚が仕切っている。大企業と官庁は緊密な利害関係を維持し、公然と暴力団とも癒着している〉といった「日本異質論」をも一蹴する。冷戦時代にロシアのジャーナリストが米国を非難するときに使った小話とちっとも違わないからだ。「より競争力のある製品を世界に供給するため、日本は市場の力を上手に利用する賢さが今日の状況を生んでいる」と褒めたたえたあとで、「消費者は誰でも良い商品をもっと安く買いたいと願っている。そして余裕ができたことで、ドイツ車、イタリアの背広、米国製手作りの靴、南太平洋への旅行などが増えているし、アジア諸国への貿易黒字も大幅に縮小してきている。だから、米国は貿易赤字がちっとも減らないのは、不公正な「貿易障壁」を日本が設けているというより、「日本と競争すべき製品を米国が作れないからだ。こっちのほうがもっと重要な問題」だと結んでいる。

この冷静な記事を、米国は真摯に学んだからだろうか。それとも、ICT戦略がまんまと当たったからだろうか。「メードインアメリカ」の掛け声とともに、クリントンへの政権交代後の多少バブル気味の経済成長で、米国は見事に甦った。

ちなみに、「在りし日」となった一九八九年のマクロ経済指標を参考にあげてみる。GDP成長率は日本四・八%、米国二・九%、英国二・二%、フランス八・一%、西ドイツ三・〇%。失業率は日本二・五%、英国七・七%、フランス一〇・二%、米国五・三%。消費者物価は日本二・六%、英国七・六%、米国五・〇%、フランス三・四%。賃金上昇率は日本四・六%、英国八・八%、米国四・〇%、フランス三・九%。どこにもマイナス符号はついていない。冒頭であげてきた「憂鬱なる」数字と比較してほしい。そして『ロンドン・エコノミスト』の記事を反芻してほしい。

政治算術の教える危機

かつては『ロンドン・エコノミスト』にあれだけ賞賛された日本が、どうして優等生の座を転げ落ちてしまったのか。「政治と経済は双子のようなもの」とよくいわれる。その言葉に導かれて経済の政治的側面を探ってみよう。

「パンとサーカス」が十分国民に与えられなくなったとき、政治家が最も恐れる選挙という「脅迫のシステム」が、あるいは「王殺しのシステム」が働く。しかしそれが政治家の狡知《こうち》によって、有権者に皮肉な結果をもたらす場合もある。例えば、中国の故事「朝三暮四」の教訓だ。楚の猿公（猿使い）は興行収入が減ったので、猿たちに与える栃の実を減らさなければならなくなった。そこで、こう提案した。「朝に三つ、夜に四つ」と。しかしこの提案に猿たちはこぞって反対し、網をがたがたゆすった。それで困り果てた猿公は、「わかった。では朝に四つ、夜に三つだ」と提案を修正した。合計は同じなのに、猿たちは皆泣いて猿公に感謝した。計略をめぐらせた猿公の完全勝利だ。猿たちは「猿公が自分たちのことを聞いてくれた」ことに感謝した。将来（夜）よりも現在（朝）だという猿たちの近視眼的価値観をうまく利用した猿公の修正提案だった。

これは、「政治は消費と投資とどちらに力点を置くか」という議論につながる。もちろん、「朝三暮四」の故事が暗示するのは、「消費の政治」の愚かさから国民誰もが脱却できないジレンマなのだ。今の時代も「消費の政治」が票を取りやすいのは至極当然だ。その対極が、かつて小泉劇場で注目された「米百俵」の故事だろう。もっと端的にいうと、公的負債八百兆円は右肩上がり経済が多少の上下はあっても持続するだろうという、国全体の「楽観的な思い込み」を前提とした「既得権」あるいは「ぬくい社会」のツケなのだ。

均衡ある国土の発展という国民誰にも歓迎されるグランドデザインに沿って、国は全国津々浦々の社会資本に税金を投じたと反論できよう。だから、「一億層中流」といわれる黄金時代を経験したではないかという。しかしそこに本当に明確な国家レベルの戦略があったのだろうか。あればすぐにあとで述べるが、一九八〇年代までそうであったように、世界に伍するハブ港の確保が可能だったはずだ。

さて、地方に満遍なくばら撒かれた資金の主な調達先が、三四〇兆円にも上る郵貯と簡保だった。だとすれば、「朝三暮四の政治」に郵貯と簡保は与《くみ》したことになる。いくら国債の格づけが低かろうが、国債の値が暴落しないのは、そして誰もが恐れる長期金利の急上昇につながらないのは、この「国民のふところの別名」ともいわれる郵貯と簡保の国債購買力があればこそだった。

今も国民がせっせと国債を買う図を考えたい。それは、この資金の大半が生産的な「投資」に十分回らないで、国のあるいは「政治」の借金の肩代わりに使われている構図だ。「もっと効率的な使い道」への模索が喫緊の重要課題だったはずだ。間接金融に対する優良企業の需要が年々低下していることと、リスクの大きな融資に対する金融庁の監視がきついことから、ローリスク・ローリターンの貯蓄に支えられた民間銀行さえ「安全な国債」の保有に回り、民間の必要部門へ資金が十分に回っていない状況がある。ちなみに二〇〇九年末時点で国債残高は七〇〇兆円であるが、その保有構成比で民間銀行等が一八%、郵便貯金二三%、日本銀行九%、公的年金一五%、民間生保損保一〇%、簡易保険九%などとなっている。

パンとサーカスを与えるのがもっぱら中央政府であるとすれば、中央集権はなくならない。「東京独り勝ち」は依然として続くことになる。地方がおしなべて疲弊し、人・物・金が中央に集中している傾向が続いている。そしてそれを助長している政策が続々と取られているとすれば、これは問題である。この「いびつさ」についても、人口問題から警鐘を鳴らしたい。この人・物・金の流れを変えることの必要性は、コミュニティから「地域主権」を考えるに際して大きな一歩になる。

内需拡大への転換

ところで、革新的な企業はその大小を問わずリスキーなものだ。とくに、直接金融に十分頼れない中小規模の企業にとって運転資金はいわずもがなで、技術革新や成長のための資金繰りは不可避の重要事項である。そこに十分なカネが回っていない。全国各地から集められた資金が中央に集中し、本当に必要な地域へ還流しない仕組みになっている。これは「官から民へ」と同時に「中央から地方へ」が車の両輪となる構造改革が実現していないからだ。今でも、「構造改革なくして経済成長なし、経済成長なくして財政再建なし」のモットーはそれ自身正しい。その経済成長を引き出すための資金循環を今首都圏以外の地域は「皆例外なく」必要としている。先ほどの国債の引き受け手ごとの構成比を見ても、「公社から民間企業への衣替え」だけだから、国の「特殊法人」などへ流れ出る資金循環の抜本的転換が起こる可能性は低い。資金が供給されずに地域ポテンシャルを引き出すことなど不可能に近い。

どのような活動でも「人・物・金」が三種の神器である。その根本は金《カネ》である。地域ニーズへの迅速な対応も含めて、もう一段踏み込んだ議論が必要だ。日本の現状はグローバルな金融市場への雄飛などという空想にふける暇を与えないからだ。これは当然、国際物流市場への新規参入にもいえることだ。これらは民営化の一段目の成功を確認することをもって考えるべきだろう。ただでさえ、GNPを引き上げる外貨を稼いでくれる日本企業のグローバル戦略は、自動車や一部家電メーカーなどを除いてうまくいっていないのだから。

誰もが捨てない既得権

経済圏の形成は、空間的距離をその決定要因として含んでいる。人的移動も物量の移動も、ともに高価な我が国では、流通・輸送に伴う旧弊な商取引慣行の是正も必要である。高速道路のインターチェンジの建設も含めて、輸送コストの低廉化が自ら大消費地を持たない地域の経済的可能性を高めることは論を俟《ま》たない。道路財源を云々する前に、旧弊な取引慣行に巣くう既得権を打破するための構造改革を成し遂げる必要がある。経済空洞化や国際競争力の低下の主たる原因はここにある。

今、日本の港湾はどのような状態にあるか、ほとんどの国民は知らない。世界第二位の経済大国の幻影に酔いしれながら、国際的競争に勝てる「ハブ港」が一つもない。

ハブ港とは、世界のあちらこちらから積出した製品が集められ、世界のあちらこちらに運び出すための、世界に通用する中枢港だ。世界中の主要港はこのようなハブ港になろうと、深度を深くして大型船舶が横づけできるように港湾設備を良くし、IT化によって関税などの書類上の手続きの簡素・スピード化を図り、保税のための集積スペースに余裕を持たせ、空運、陸運との接合がシームレスになる工夫をしている。しかし、日本ではそれが必ずしもうまくいっていない。港湾独特の取引構造や慣行の改革に、中央・地方の担当部署の協力が、政治の未熟さと官庁間のタテワリの壁でシームレスになっていないからだ。したがって、表2のような体たらくとなる。

国際港湾を標榜するならば、国の直轄を宣言することもできるはずだ。あるいは、ノウハウを持った国内の民間にすべて（中途半端ではなく）任せることもあってよい。地方自治体のガバナンスに一方的に頼ることの非現実性が、このような結果を生んだ。自治体独特のナショナリズムが、港湾間の効果的連携を阻んできた。ハブ港を持つと持たないとで、物流コストにかなりの差が出る。事の緊急性から、少なくとも中枢港湾以上は国の管轄にし、ダークサイドの暗躍する余地を少なくしないといけない。また、日米構造協議で槍玉に挙がった日本の貿易黒字の部分を、米国との協調のあかしとして、生活向上の社会資本投資などに細切れのばら撒き予算を認めてしまったことも大き

表２：日本全体で港が負けている（単位：万 TEU）

	1980年	1990年	2000年	2007年	倍　　率 (2007年/1980年)
香港	148	522.4	1810	2388	16.1倍
シンガポール	91.7	510.7	1704	2790	30.4倍
上海	3	45.6	1128	2615	871.7倍
釜山	63.3	234.5	1038.7	1327	20.9倍
高雄	97.9	348.5	884	1026	10.5倍
東京	93.2	155.6	263.6	382	4.1倍
横浜	72.2	164.8	231.8	320	4.4倍

（出典）Containerisation International 2008などより筆者作成。

世界から取り残された日本の港

かった。内需拡大は、戦略なき税金のバラマキ政策(「ポークバレル政策」と米国ではいうから、どの国でも同様かもしれない)とは根本的に違う。この黒字部分でスーパー中枢港湾を早めに作ればよかったが、後の祭りといわざるをえないところまできてしまった。

日本には、グローバル化を見据えた重要な戦略課題が山積している。また、環境問題が取りざたされ、トラックなどの輸送よりも環境への負荷が軽い、船舶輸送への「モーダルシフト」も議論されつつある。全国津々浦々にある港湾の効率的活用に向けての国家戦略的議論が必要な段階にきている。これは地方の活性化に利する政策転換となる可能性が高い。

ここまで述べてきたことは、「政策の失敗事例」とはっきりいわなければならない。ある面では、政府も規制と保護に慣れた業界も「選択と集中」戦略に早目に舵を切れなかったことに原因がある。そして、その原因を作ったのは政治的リーダーシップの欠如なのだ。官僚のトップのほうに行くほど「政治的リーダーは何でもできるはず。なのに彼らがやらなかっただけだ。我々はただ彼らに従っていただけなのだ」という。しかし、これは本当ではない。政治的リーダーにとって情報やアドバイスを提供する官僚組織は「ある面では頼もしい味方ではあるが、ある面では怖い存在」だということだ。まず省益中心、局益中心のこの組織を敵に回すことなどできない相談だとすれば、並みの政治家の裁量する余地がどれだけあっただろうか。まして、政治が「世襲職業」になりつつあるとき、そして霞ヶ関を飛び出して政治家に変身する一団が存在するとしても、「同根意識」がどれほど払拭されているだろうか。また、退職間近の官僚トップ層についても同じようなことがいえる。

七〇歳近くまで面倒を見てくれる組織は、霞ヶ関以外にどこがあるだろう。これでは組織や役所の先輩筋に忠誠を尽くすしかない。青木昌彦はこれを官庁独特の「人質システム」といった。

また世代間で異なる既得権益もある。高齢社会を迎えつつある日本では、現在と将来にケアを必要とするであろう高齢者とケアサービスの費用を将来担うであろう高校生や大学生、あるいはそれを職業とする若者との地域的共生をどの地域でも必要としているが、依然ミスマッチが解消してはいない。

この現状を固定したままでどのようなセーフティネットが形成できるのだろうか。大都市の一部を除き、大半の地域で自立が困難な状況を示している。人口規模が大きい都市ほど高齢者と若者の空間的共生が進んでいるという論調が見られる。老人を大都市に移住させることを前提にセーフティネットを張りめぐらすつもりだろうか。「セーフティネット」という言葉だけが上すべりしても、現実は何も変わりはしない。構造改革の必要性を次章でもっと詳しく述べることにする。

「横田の軍民共用化」で魅力アップ

過日「多摩の未来を考える」シンポジウムが開かれたときのお話をします。そのシンポジウムで二三区住民二五〇人と多摩地域二五〇人にアンケート調査を紹介しました。二三区住民で「多摩に住んでもよい」という回答は全体の二〇%という少数派。逆に多摩の住民で「住み続けたい」という回答は七三%という圧倒的多数派。この反応の違いは二三区住民が「多摩は自然が豊かだが、都心へのアクセスが不便なベッドタウン」というイメージから生まれます。

多摩から都心に通勤・通学・ショッピングで頻繁に出かけますが、逆の流れはせいぜいハイキングなどです。だから両住民の交流と多摩のイメージアップが必要なのです。多摩市部の人口は増えていますから、世間でいわれているほど「都心回帰」は顕著ではありません。ただ、近年「多摩地域」という意識が薄れる傾向にあります。

二三区に近い市ほど「都心近接」を強調します。都心に向かっての放射状の交通網は実に立派ですが、南北をつなぐ交通網はお粗末極まりないのです。これが、多摩地域間の交流を妨げ、意識の希薄化を生むのでしょう。交流を通じて理解しあい連携してこそ魅力的になります。「交通が不便」というイメージを変えるきっかけとして、「横田基地の軍民共用化」は十分すぎるほどのインパクトを持ちます。

首都圏全体を見据えた「横田の軍民共用化」を

地域は典型的なオープンシステムです。人・物・金・情報の四大要素は、魅力的な地域を目指して自由に移動し、ポテンシャルのある地域に集中します。地域の経済力は「人・物」の流れる量と流れ方で決まります。と同時に、「金・情報」といった地域のポテンシャルを作る重要な要素も流れ出します。その流れをうまくコントロールすれば、地域の発展につながるのです。道路網、鉄道網、空港、港湾という社会基盤インフラとその活用ソフトが重要になってきます。世界的な分業体制が一般化してきた現在、「人と物」が出入りする空の玄関口は、とくに重要です。

ここでちょっとした比較をします。ニューヨーク大都市圏は人口二千万人、年間旅客数八千万人強で滑走路九本（三大空港合計）、パリ大都市圏は人口一千万人強、年間旅客数六千万人強で滑走路六本（二大空港合計）。対して、首都圏は人口三千万人強、年間旅客数七千万人強で滑走路四本（成田と羽田合計）。フランス一国の経済力に匹敵する首都圏の経済力なら、滑走路は八本ぐらい最低必要です。「横田の軍民共用化」で絶対的に不足している滑走路を「安価にすばやく」補えます。潜在需要者は国内線で二六〇万人、国際線で二三〇万人とのこと（都試算）。そして「交通過疎地」の多摩地域が一気にグローバル化するきっかけとなります。

地域のポテンシャルに自信を持て

首都圏で多摩地域のポテンシャルは二三区に次ぎます。二三区の事業所数は約五九万カ所、多摩は約一四万カ所ですが、工業出荷額では引けを取りません。高付加価値品を製造する工場が多いからです。また多摩には七〇を越す大学キャンパスが点在します。大企業の研究施設やエレクトロニクスや先端技術関連の中小事業所やベンチャーも多く存在します。今域内では多くの産官学連携が活動中です。そして何よりも土地面積は二三区の二倍で、人口はまだ半分。多摩地域にはまだまだ可能性があるのです。

多摩近辺の企業がチャーターするビジネスジェットで、横田からヒトを運びます。都有地を利用した物流拠点の整備で昼間離発着する貨物便などで、モノを運びます。交通アクセスの改善を前提に、経済効果が一三八〇億円、新規雇用創出が八千人ぐらいといいます（都試算）。また、多摩にある大学はグローバルな研究教育体制を一挙に促進でき、都心の大学と競争可能となります。多摩が国際的コンベンションセンターになる可能性もあるのです。

受益と負担のバランス考慮

軍用機より民間機は騒音が少ないし、これから進む飛行機の小型化と技術革新は騒音の大幅低下につながります。共用化による受益と騒音などのリスクや負担に関する補償とのバランスが今後争点になります。「横田の軍民共用化」で「人・物」が出入りすれば、多摩地域を中心に首都圏が実現できる受益の大きさは計りしれません。しかしリスクと負担を請け負う空港近接住民との十分な話し合いを前提とすべきです。米国と日本の両首都圏の住民や学生による「地域活性化ハワイサミット」を横田からのチャーター便第一弾でという夢を早く実現したいものです。

羽田は世界のハブ空港になれるか

予定調和の神話

他方でリーマンショックから容易に抜け出せないように、国際競争をマーケットに任せきることの危うさも存在する。「小さな政府」の限界を指摘し、「手放しの楽観論」に対する疑問を呈したい。ここでは一貫して「小さな政府」が積み残す社会的問題の解決ツールとしてのコミュニティの重要性と、その空間的基盤である地域が基本的には人・物・金・情報が自由に入り出て行くオープンシステムである、という認識の重要性を強調したい。

「小さな政府」論は、アダム・スミスの「見えざる手」を深く信頼する。「市場」が私人の自由な経済行為をうまく導いて社会的な満足感を最大にするように機能するという「予定調和」論である。しかし、これは神話でしかない。それならば、なぜ「バブル」や「大恐慌」などが発生するのか。確かに、傾向として需要が供給を上回れば価格が上昇する。そのことで期待収益の上昇というチャンスを予感した供給者は増産し、あるいは機会を窺っていた新規参入者も市場に乗り込んでくる。結果として供給が増え、需給が一致する。そこには、小さな兆しをいち早く察知し、自らの利益をがっちりと確保するように動くラプラスのいう「子鬼」がいて、彼らの微調整が全体に「ちりも積もれば」というマクロ的な作用を及ぼすという原理が働くと見ることもできる。市場での撹乱要因は平均値ゼロの小さな存在であるから、結果的にはシステムの揺らぎは無視できる。需給の一致は価格メカニズムで傾向法則としていつでも成立すると見ているからだ。初期の小さな振動が時間とともに大変動に累積化するというカオス状況に無神経なのだ。経済学のテキストブックの世界では、「貨幣」の役割は小さい。「物々交換」の世界とほとんど同値のメカニズムが成立するからだ。

貨幣の怖さ

しかし、取引の利便性をもっと高めるために、貨幣が「市場に浸透」してくるにつれて「学習能力と予知能力に限界のある」人間は、自らが発明した「貨幣」に振り回されるようになる。しかも貨幣は取引手段としてだけではなく、価値の貯蔵手段にもなり、とくにデフレ経済の下では一級のブランド品と同じように「憧れの対象」になる。これは経済学者のケインズや心理学者のフロイトが見破った、貨幣保有の深層心理的な側面ともいえる。貨幣は一般の商品と同じように売買される。海外に旅行した人ならわかると思うが、自国のお金は旅行先のお金に「商品として」物々交換される。商品であるから、インフレ時には紙切れのように扱われる商品だ。また、フロイトやケインズが見抜いていたように、デフレ時には他のどのような商品をも蹴散らして、宝石のように溜め込まれる商品(たんす預金)になる可能性も否定できない。

取引の円滑化のために「発明された」貨幣が、それ自身取引の「行事役から対象」に代わってゆく。貨幣が「見えざる手」をあるときは助け、あるときは徹底的な機能不全に陥れるパワーを持つことを、経済史の至る場面に見ることができる。「貨幣がなければ」、需要が供給に比べて高いとき、価格はつり上がる。その結果商品の売れゆきは鈍り、それと競合するような商品に需要が向かう。

需要が向かう商品の価格は上がりだし、先ほどの商品は前に比較して「そう割高」とは考えられなくなり、需要がまた戻ってくる。この繰り返しが次から次へとさまざまな商品に波及して、需要側、供給側が適正と思うような価格に収束して取引が成立する。したがって、市場が円滑に機能する場合、どの財についても「需要不足」などは長期的には存在しえない。しかし「貨幣が商品」として介在してくると、この収束のメカニズムがとたんに狂ってくる場合がある。貨幣以外「どの商品も需要不足」という状態は、市場の力だけでは清算できない。誰もが商品に向かうのではなくお金を保有しようと考え出すからだ。デフレの落とし穴にはまってしまう経済恐慌の世界が、ここに現出する。

人々の思惑が平均値ゼロの近くで揺らぐだけだという楽観論は、確かに昨日も今日も明日も同じという定常的世界ではいえる。しかし、グローバル化とICT化で市場の変動速度と伝播速度が一段と高速化するとき、人間の判断能力との格差は拡大し、それが全体に不確実性を拡大しないだろうか。一九九〇年代の終わり頃に、アジア全体を震撼させた金融危機や、リーマンショックの例をあげるまでもなく、市場が不意に暴れ出したりコントロール不能になる可能性は高い。経済制度が不備であったり体力のない国では、リスクは小さくはない。それが国民の生活を一変させる。大量の国債を発行している日本も、そのようなリスクから逃れることはできない。

このような不都合に一切目をつぶり、現実から遊離した経済学は華麗な数学で「見えざる手」の動きを描いて見せてくれたが、これが虚構の世界の話であることを強く認識し改良を目指したのは、ノーベル経済学賞級の当代きっての少数の経済学者たちだった。しかし、一部の学派と政策担当者はこの虚構を金科玉条のように受け取った。

南海のロビンソン・クルーソーの世界ではなく、不確実性やスケールメリットや他人の思惑や行動に左右される経済社会では、「市場そのもの」は極端にか弱い存在である。と同時に、あるときはヒステリックな存在という「二面性」を持つ。これはほかでもない、人間の持つ能力の限界に起因する。絶対的な基準など存在しないのだから、ケインズが見破ったように「みんながそう思うなら」という美人コンテストの結果と同じくなる。バブルに踊った「不動産株」、「ICT株」、賞賛の霊峰に祭り上げられたかと思えば軽蔑の深い谷底に突き落とされた「経営者の鑑」や「ものいう株主の代理人」もいる。誰のせいでもない。人間という存在の愚かしさであり、弱さが生んだものだろう。経済学が用意した仮説「卓越した計算能力と認識能力を持った経済人（エコノミックマン）」などはまったく根も葉もない虚構でしかないし、無用の産物どころか、あるときには有害なレトリックの代物なのだ。

ありもしない人間像で固められた世界が「見えざる手」に導かれて予定調和を実現することは、「数学的には可能」である。ある種の傾向法則として、一般の人々にも思い当たるふしがあると納得させる場合もある。しかし人間の認識能力の有限性に立脚した場合、市場システムが用意する「見えざる手」は普遍的で頑強なものでは決してなく、想定外のリスク発生に伴う世界同時株安で金融システムで資本主義機能不全を起こす可能性は高い。だからこそ「市場システム」を補完する制度的な工夫が必要不可欠なのだ。

「機会の平等」の知られざる側面

もう一つ考慮すべきは、初期条件の重要性であろう。とくに、社会のダイナミズムについて考慮しなければならない。これをシミュレーションモデルで説明してみよう。「政府の失敗」については次章に譲る。

「誰にでも（これは裕福な家に生まれても、貧しい家に生まれても）等しい成功のチャンス」が与えられた場合、社会は時を経るにしたがって「平等」を実現するだろうか。あるいは「あまり開きのない」所得分配が達成されるだろうか。

所得の伸びのチャンスが平均ゼロで、ある一定の小さなばらつきで「損」と「得」を作り出すとしよう。つまり、それぞれの人に所得（プラスもあるしマイナスもあるが）が「一種のランダムウォーク」の結果として加算される場合、時間が経つにつれてピンとキリの人との所得格差がどんどん広がりだす。所得の代表値としてよく使われる「平均値」とピンとキリの所得との「中位値」と最も多くの人たちの得ている「最頻値」の三つを比べると、まず「平均値」は生まれてこのかた「ラッキーな少数の人たち」の所得にどんどん引っ張られてゆく。ピンの所得が上昇するほど（キリはゼロと考えてよいから）「中位値」も引っ張られてゆく。しかし、「最頻値」はそんなに動きはしない。時間とともに平均値と「ピンとキリの格差」が開いてゆく（図1）。同じチャンスを、生ま

図１：幸運の累積、不運の累積

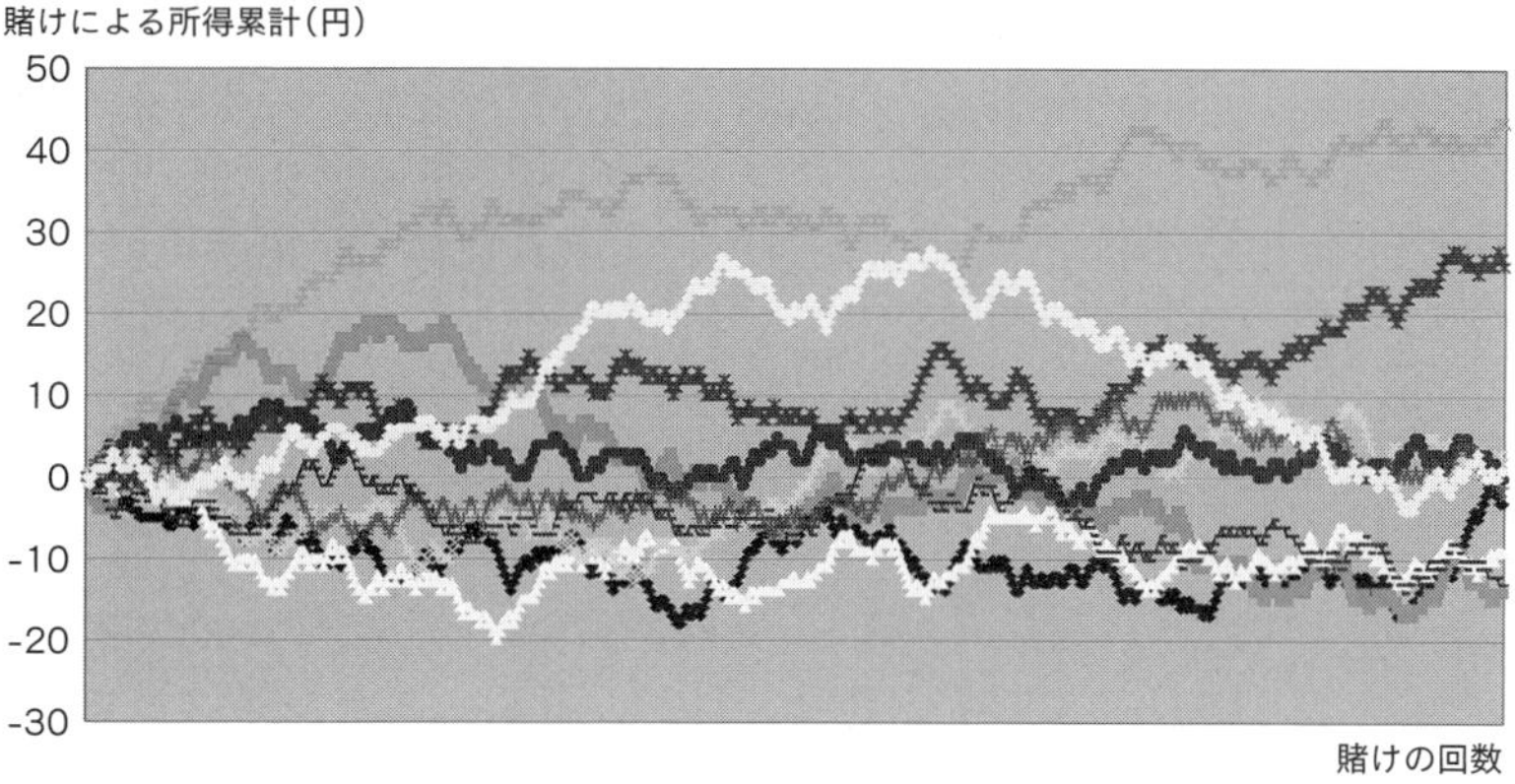

＊機会の平等は「自動的」に結果の平等を保障しない。結果の「不平等」をもたらすシミュレーションの例。

れたときに「平等に与えても」である。しかもこの「幸運の確率」からもたらされるチャンスの大きさは、小さければ小さいほど永い間に積もり積もってくる。だから不平等は誰も知らないうちに「ちりも積もれば」式にいつの間にか忍び寄ってくる。逆にもし不確定な要因（リスク）があまりにも大きいと、「誰もが平等に奈落」へ突き落とされてしまう。ハイリスクが結果の平等を作りだし、ローリスクが機会の平等と一緒になって不平等を作りだすパラドックスである。

この確率メカニズムを無視、あるいは知らないことから生まれる「機会の平等」偏重の稚拙な主張は、それがもたらす「結果における平等」を見逃すとともに、それをある水準にコントロールする機会を見失う原因にもなる。

社会的ダーウィニズム

弱肉強食の社会的ダーウィニズムを良しとする米国では、次の映画の一こまに対して、誰も「不当だ、あんまりだ」と異議申し立てはしない。プライベートジェット機から黒塗りの運転手付きリムジンに颯爽と乗り替えた大富豪が、ダウンタウンを通って城のような邸宅が森の中に点在する高級住宅地に向かう街中で、ボロをまとったホームレスの姿を車窓から目にすることがあるだろう。しかしリムジンの主人にとっては彼の存在など一瞥《いちべつ》の対象にしかならず、自らの所有する絵画か彫刻の一つにも値しないからと、見過ごすだけかもしれない。手中の富は「機会の平等」に従っているから、何のやましいこともない。彼や彼女にとって気がかりなのは「神」だけなのだ。税金で国に奪われるのでは自らの意思がうまく反映しない。だから政府の関与が届かない「寄付金やボランティアで富の一部を社会還元します」と、天国を約束してくれそうな神の前でいうだけ。彼や彼女が勝者になれたことが「フェアーな競争」の賜物だから、社会システムの不備によるなどとは、これっぽっちも思わない。「ボロをまとったホームレスは努力を忘れ、結果として競争に敗れただけ。敗者復活の機会もふんだんにあるのに、それを活かそうとしないから」と片づけてしまう。

本当にそうだろうか。それだけで済ませられるのだろうか。これは我が国のフリーター・ニート問題にも通ずることなのだ。図1で見たように、神のみぞ知る「ランダムウォーク」が作り出す不平等は、「ご破算で願いましては」という人為的な介入がなければ、時間とともに格差を拡大再生産してゆく。米国のように、モノ作りより弁護士のように言語表現が得手な人間が大金を稼ぐ情報化社会では、言語・情報能力の格差が社会的不平等を生む。米語二千語の社会階級と、それより一桁多い二万語の社会階級では、所得が雲泥の差。その言語能力は、生まれ育つ家庭環境にある程度依存する。経済的余裕のある層ほど、言語能力を高めるために子供の教育に投資できる。「質の高い教育」を求める教育投資も、親の意識や経済力に依存する。こうして格差は再生産される。

再度言う。どの層にもあまねく同一のチャンスが等確率で与えられるという世界であっても、時間とともに「格差は拡大される」。高齢化とともに日本の経済で不平等が着実に進んでゆくのも、このメカニズムと無縁ではない。以上の驚くべき確率法則を、「機会の平等」論者はどう釈明するのだろうか? フリーター・ニート問題もこの延長線上で考えなければならない。フリーター・ニートの落とし穴に一度入るとそこから一時も早く抜け出さない限りだんだん深みにはまってしまう現状を、どう考えるかだ。どのようなソリューションが考えられるか、その一例と対策を、後の第八章で紹介する。

少子高齢化した日本社会が、破片化したもの同士を元通りに近い形で張り合わせる「絆《きずな》」が喪失し、共感と寛容の喪失した社会になってしまったことをしっかり認識せずには、日本が直面する課題を議論することはできない。地方と都会で家族が分断され、産業が隆盛するところと衰退するところとで二分化され、時代の波に乗る者と押し流される者とに分解されてきつつある。この「破片化した社会」で、人々が将来に対して希望を持ち、自らの生き方に確信を持つために、自分と他者がどう生きるべきか、そして「破片化した社会」でお互いの絆をどう再強化すべきなのか、失われて久しい「絆」をどのように作ってゆくべきか、という問いが社会福祉という最も社会構造の脆弱な箇所からも投げかけられている。

世代間格差の本質的問題とは何か

箱根に三月に巣立つゼミ生たちと一泊卒業旅行に出かけた。たらふく山海の珍味に舌鼓を打ち、湯量豊富で泉質抜群の温泉につかり一泊した。翌日、芦ノ湖で遊覧船に乗り込むと、そこには中高年の米国人からなる団体客と、これまた中高年の日本人からなる団体客が何の脈絡もなく思い思いの席に陣取っていた。日本語と英語で芦ノ湖の周辺の故事来歴から始まって、現在の芦ノ湖周辺の観光資源にまでわたる幅広い説明が録音テープを介して放送される。彼らのいでたちを比較すると、明らかに服装などは日本人のもののほうが品質は良さそうだ。米国の一団はおそらくミドルクラスの社会階層で恩給や年金暮らしの人たちかもしれないが、彼らがゆっくり逗留できるぐらいの魅力が箱根にあるのか、それとも二〇〇二年の「骨太の方針」によって日本政府が進めてきた「ビジット・ジャパン」戦略が予想以上に功を奏しているからだろうか。円安の恩恵を彼ら外国人が享受したからか。二〇〇八年の邦日外国人数は八三五万人強で、うち重点一二カ国からの旅行が八八%を占めていると統計に出ていた。

トップ階層への経済集中

さて、人生の酸いも甘いも熟知した日米の中高年の団体さんを見ながら、彼我の経済状態について推測した。おそらく歳を取るほど子育て費用も、家のローンも減少するから、所得のうち支出に回す必要のない分が貯蓄として将来の資産に加わる。また資産の額と資産の持ち方とはかなり関係してくる。余裕が出てくれば、その分リスクを負担する余力も生まれる。だから、多少はハイリスクではあってもハイリターンの金融商品の構成比も年齢とともに高まる場合が多くなる。まして、低金利の時代ではなおさらだ。そして、親族からの遺産や贈与がそれに加わる。

ミシュランで国際化が進んだ観光の金沢

こうして歳を取るほど資産形成が充実してくる。このような世代間経済モデルが大学の教科書で教えられている。

しかし誰もそうだが、病気なども含めて、年齢とともにちょっとしたリスクや幸運に遭遇する回数は増加する。その確率的事象のもたらす経済的なプラス・マイナスは、先ほどのシミュレーションで確認したように、「ちりも積もれば」の累積過程を生み出す。案外これが理解されていない。

待機することに精神的に疲れるのか、中高年には「一攫千金」ねらいが多くなる傾向が強いようだ。株式「投資」でじっくり一〇年、二〇年お金を寝かせる我慢ができないのだろうか。あの手この手の巧妙な手口や口車に乗せられて、なけなしの退職金をハイリスクな商品先物やいかがわしい投資案件に掠《かす》め取られてしまうケースも多い。これは洋の東西を問わないらしく、米国では困っている中高年を救おうと「投資教育財団」を立ち上げている民間団体すらある。それやこれやの悲喜劇が着実にボディブローとなって効きだして、中高年の経済格差を若年者よりも拡大してゆく。近年の高齢化要因に重点を置く格差拡大論の理論的根拠がここにある。

そして、もっと重要なのかもしれないが、政策的な事情もあり資産分布の透明性が決して高いわけではないから、所得格差と資産格差や社会階級の格差とがあいまって、実はもっと複合的な格差が拡大してきているという印象はぬぐいきれない。

米国では「レーガン政権下の一九八〇年代に生み出された九九％の資産は、資産分布で上位階層二〇％に帰属した。また、エドワード・ウォルフの『肥大化する経済階層』にあるように、その六二％をトップの一％が占有してしまった」とまでいわれた。つまり、富める者には「ますます富み」のチャンスが着実に与えられ、貧しき者は例えば失職というリスクにさらされてもチャンスがちっともめぐってこないような社会の仕組みが、米国内を席巻しているのかもしれない。しかし、この影響は国境を越える。さすがの米国も、経営者の報酬が企業業績に関係なく上昇を続けていることに疑問を呈し、株主総会承認事項にする法案の提出まで検討された。

住み分けの危うさ、もろさ

「些細《ささい》なことにがみがみいう先輩や上司」。「先輩を先輩とも思わぬ横柄な態度の後輩」。家族を含めて人の集まりでは、世代間の共生にはなかなか難しいところがある。ある集団が一つの立食パーティ会場に集まっているとしよう。だんだん時間が経ってくると、ある世代ごとに固まる傾向があるし、男女ともごちゃ混ぜになるよりも、自然に気づいたときには性別で固まってしまう。これは、話の内容に共通性のある人のグループに加わらないと、ひとり孤独を味わうことになりそうな不安からだろうか。それとも、「あの人は異性としか話ができないのか？」とか、「いい歳をして若いもんのところに行って何話しているんだ」とか陰口を叩かれるのがいやだからだろうか。どのパーティや集まりに出席してもそうだ。だから、誰も落ち着きなくきょろきょろして顔見知りを探すとか、大勢かたまったところを探し出し、そちらに自然と足が向いて行く。筆者の少ない経験からの推量だが、この傾向は洋の東西を問わない。

実は同じような感情に基づく傾向が、地域社会でも起こっていて、「世代間分離」が顕著になりつつある。例えば、筆者の住む多摩ニュータウンは、緑多く車歩道分離の都市計画が施され子育てに向いているのに、ここで育った若者たちは、結婚するとさっさと親元を離れて行く。なにもニュータウンの住宅や生活費が高いからという理由ばかりではなく、「うるさい親父や世話好きの母親」の庇護の「心理的重圧」から逃れたいのだろう。また、どの地域でもそうだが中心市街地に住まう人たちの平均年齢が急速に上昇しだしている。この原因を絵解きしてみよう。

一般的にいって、歳を取るほど移動することに躊躇するようになる。すでに家屋や資産が形成されていることと、昔ながらの友達の輪が残っているからだろうか。歳を取ると新しい環境になじむことに「今更」という気持ちにもなる。住み暮らす環境が変化すると、心身とも疲弊する。他方、移動力のある若い世代は、少しでも便利なところに引っ越そうとする。もっと割のいい職を求めて親元を離れて行くとなれば、「年寄りを置いて、若い者はよそへ」という図式になる。若い世代を中心とする移動自由な「フロー世代」と、中高年世代を中心とする移動しがたい「ストック世代」の分離である。

現に、一五歳から二九歳までの世代の固まりは、六五歳以上の世代の固まりとどうも相性が良くない。お年寄りはお年寄りを集め、若者は若者を集めるのか。移動力のある若者が若者の多い地域へ移動してゆくのだ。「平成の大合併」前の三千を超える市区町村のデータで分析してみたところ、この二つの固まりは、一方が大きい割合だと、他方は小さな割合になる。つまり「世代は分離して

図２：先鋭化する世代間の住み分け（1999年、2004年）

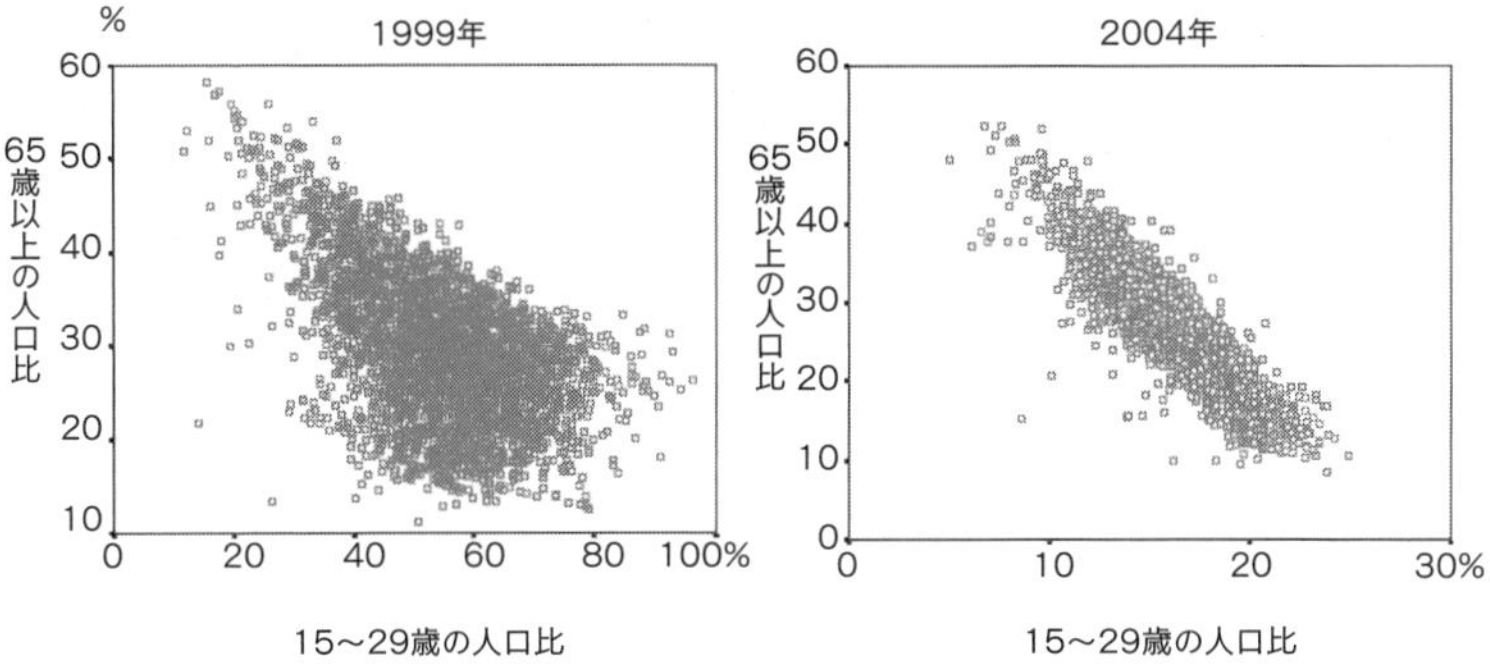

住まう」傾向がありありなのだ。それも年々この傾向が強まっていることが、横軸に一五歳から二九歳の人口比、縦軸に六五歳以上の人口比を取った一九九九年と五年後とのグラフの比較で一目瞭然である（図2）。

この傾向が、郊外より中心市街地、大都市より地方都市、都市より農産漁村に「より鮮明」に出ていることに注意しなければならない。少子高齢化で始まった人口減少社会では、傾向が強まりこそすれ、弱まることはない。また、介護対策などを考えた場合、老人たちがばらばらに住むより、こぢんまりした地域に集中して住む方向へと転換しなければならない。理由は、介護がきちっとしたビジネスとして魅力的にならない限り、若者がこの分野に進んで参入してくる可能性はないし、彼らは老いた世代の経済的、精神的自立を今以上に強く求めてくるからだ。「一緒に住みたいなら、よぼよぼしてくれるな」という要求が強くなりこそすれ、弱くはならないだろう。これは実に厳しいパラドックスなのだ。

日本の人口縮図

精神的にも肉体的にも経済的にも自立した親なら、「なにもおまえたち子供に頭を下げる必要などないし、同居などまっぴら」と居直ることができる。往々にして子供にすがろうとする親は、あるいはそれを必要としている親は、自信も気力も経済力も滅法衰えて「よぼよぼの姿」を子供の前にさらけだすケースが多いような気がするが、どうだろうか。そして彼らは、子供たちが必要とするときに、経済的にも時間的にも十分にケアすることが何らかの理由でできかねた親たちなのだ。だからこそ、子供たちが「何を今更」という気になってしまうこともあるのだ。あるいはそういった親を持った子供たちのほうでも、親をケアするに十分な余裕がないのだろう。老人の経済力と健康状態は比例している。ここにも社会的分離を再生産する要因が潜む。

貧困は次世代に貧困として引き継がれる。

気がかりなのは図2のグラフで見たように、全国の傾向が「老人で固まる地域」と「若者がより集まる地域」に二分化する傾向だ。大多数の地域が前者で、おそらく一割に満たない後者との二分化である。これは大多数の中小都市と農山漁村、少数の大都市への二分化でもあるし、何らかの公的組織に何らかの形で「依存せざるをえない地域」と「自立できる地域」との二分化でもある。この図式の抜本的解消なしに日本の再生は完了しないような気がしてならない。ところで、将来への夢や希望を持った若者たちは「老人たちだけのマチ」に望んで移り住むだろうか。迎え入れる若者たちは老人たちの頑固さに辟易しないだろうか。そこに楽しさを発見できるだろうか。

右の写真は、ある日曜のショッピングセンターの風景である。日本の人口構造そのままで、中高年が八人、女子中学生が三人写っている。一方は座ってTV画面に釘づけ。他方は立ったまま、物色中の様子。二者の間に何の共通項も見出せない。世代間共生は、口で言うほど簡単ではない。

負担義務と受給権利のバランス

オイルダラーやファンドの固まりが代表例だが、「お金はお金を求める」性質を持つ。自己増殖のチャンスを求めて世界に張りめぐらされた電子のネットワーク内を「不眠不休」で駆けめぐる。自己増殖するお金の「しもべ」であろうとなかろうと、人間たちにもいつか第一線を退く時期が必ずやってくる。おそらく、箱根で出会った米国人の一団や日本の一団の中にもそのような経験を経た人たちがいるに違いない。観光ガイドさんの旗のもと、潤沢な年金生活を約束されている気楽さもあるのか、唯々諾々と案内の掛け声に従って分刻みの日程をこなしているような様了でもある。上司から一方的にいい渡される目標数字にもう汲々《きゅうきゅう》とすることもなく、「休息と安逸」の時間の流れに身をひたす中高年夫婦の姿。それはそれで微笑ましい光景かもしれない。

さて二〇一〇年、団塊の世代がごそっとリタイアした。そして年金生活に入る二〇一五年には彼らを加えると、毎年約三千万人に年金を四〇兆円ずつ支払うことになるという試算もある。景気の回復が定着してくれれば、年金の将来給付についての不安や不満は鎮火する。しかし火種は依然くすぶり続けているし、国が必死になって支えようとしている年金システムを維持するためには、何よりも若い世代が「お互い様の助け合い」に納得してくれる必要がある。いつかは、若者も支えが必要となる老人に変わる。だからお互い様なのだが、ニート・フリーター問題も含めて、年金システムへの協力度は年々低下していることが気がかりだ。若い世代を中心に公的年金制度に対して、一九三五年生まれ世代は給付／掛け金の倍率が八・三であるのに比較して一九八五年生まれ世代は倍率が二・三倍に大幅低下するという試算があるからだ。

そこで二〇〇四年度の年金制度の改正は、国民の年金制度に対する不安と不満を取り除こうという目的だった。①国庫負担の一／三から一／二への引き上げ、②持続可能な年金制度を目指し、給付額のマクロ経済スライド制導入、③二〇一七年までに保険料率の上限を一八・三％に設定、④積立金の取り崩しなどを行い、一九八〇年生まれ以降のモデル世帯で給付／掛け金の比率がイコール1を維持できるとする。

しかしこの改正も「薄氷を踏む」ような前提の下でなされていることも事実。経済成長が着実に進むこと、出生率が一・三九を維持できること、平均寿命が予想を超えて高まらないなどだ。確かに、上の三つの前提はある程度政策的に誘導が可能かもしれないが、今のように国内景気の押し上げが相も変わらず外需頼みで、子育て支援の政策や社会的協力が、なかなかままならない。また、女性の社会参加と非婚化の進展などで、「大丈夫」という太鼓判が押せる状況にはない。

これですべてが解決なのではない。地方には年金で支えられた地域経済の悲劇も存在する。夕張などでは財政危機の状況がマスコミなどで取り上げられ、全国からいろいろな支援が寄せられている。地方経済の疲弊が全国至る所で始まっているが、もう「当たり前のこと」としてニュースにもならない。「年金依存経済」といってもあながち的外れでもない状況に陥った地域が出てきた。寂れた商店街の中の一等地に陣取り、年金が給付されたときだけ行列ができて朝から賑わうパチンコ店。同じくたそがれどきからひっそりと灯りがともる路地裏の飲み屋街。エネルギー革命やグローバル化の波ですっかり競争力を失い、世の中から取り残された地域では、親の年金を当てにせざるをえない失職中の息子や娘も多い。高度成長を支え、明日を信じて身を粉にして働き続けてやっと得た年金が、明日のためではなく、今日の家族の生活費や自らのささやかな気休めに費消されてゆく現実に、政治はどう答えてゆくのだろうか。

社会福祉のポリシーデザイン

「安上がりの国家観」が支配的になると同時に、折からの財政危機から国庫負担の大きい「社会福祉」や「教育」といった民生部門への国家の関与が再検討されだした。財政上社会資本整備といった公共事業にかかる経費は「建設国債」で調達し賄われるが、「社会福祉」や「教育」は税収を待たなければならないという事情もある。また、こういった経費は実施主体である地方自治体に配分される。しかし、必ずしも霞ヶ関は一枚岩ではない。それぞれの府省の思惑と権益確保のせめぎ合いで、これらの経費の使途について、中央集権の軛《くびき》のゆえに、地方現場の声は霞ヶ関や永田町までなかなか伝わらない。

このせめぎ合いについて調整が不可能だということを悟り、いつまでも帰趨を見守ってはいられないと感じた福祉の現場の人たちは、「自前の絆」を用意することになった。その一つが、NPOである。いうなれば、「市場対国家」図式からの脱却である。まずNPOを、政府の「お墨付き」や政府の庇護に依存しない「自立を目指した非営利の市民活動組織」と定義する。広くボランティアも含めて、NPOと限定していないからビジネスとして利潤を上げている組織、例えばコミュニティビジネスも含めて福祉サービス等に高い使命感を持って活動する「組織」も、NPOと一緒に自前の絆《きずな》を形成している。

また、社会福祉サービスを、「貧困、障害、健康、児童、加齢といった何らかのハンディキャップを持った人たちに対し、『よりよく生きる（ウェル・ビーイング）』ための方策を公的な制度や私的な組織を通じて提供すること」と定義する。そのうちの国の関与を予算で見ると、社会保障給付費がそれに当たる。

一九九八年データで国際比較をすると、対GDP比で日本と米国は一五％、英国二五％、独仏二九％である。二〇二五年度まで順次二一％ぐらいの水準に達することが予想されている。そのうち、年金と医療は八から九％、福祉関係が半分の四％だろうか。年金の伸びはさほど大きくはないが、医療と福祉関係の給付は着実に上昇してゆくことが予想される。日本と米国以外は医療よりも福祉関係の給付の割合が高いことにも注意する必要がある。

ところで、対GDP比で負担割合を見ると、保険料と公費負担が年々増大するだろうが、その分税金でまかなうことが不可避になる。現在も米国と同じく「小さな政府」を国民は選択している。しかし、「財政再建下での福祉の充実には増税不可避」というとき、国民の大半は拒否反応を起こすだろうか。ただし増税＝選挙で大敗というトラウマに脅かされる政治家は誰も「火中の栗」を拾おうとはしない。データで見える「小さな政府」と国民が感じる「税金の取られすぎ＝大きすぎる政府」との齟齬《そご》があまりにも大きすぎる点に、政治行政の貧困がある。「小さな政府」と「充実した福祉」はトレードオフの関係なのだろうか。仕組み作りを工夫すれば、そうでもないはずだ。

経済力と庇護のパラドックス

社会福祉サービスは、少子高齢化社会では「巨大なニーズ」を形成する。まず、加齢の段階で人々は所得格差を着実に拡大してゆく。これは前に示したように、全員に同程度のチャンスを付与したシミュレーションをしてさえそうなのだから、まして最初から格差が埋め込まれている現実の中では、順位の入れ替えが多少あっても、もっと速いスピードで格差を再生産してゆく。ここに一種のパラドックスが潜む。

何度も主張するが、経済的に自立の困難な老人（老夫婦、独居）世帯は、子世代の経済的庇護を望む。しかし、その庇護を望まれた子世代は、それに対応した状況にも意欲にも欠ける場合が多い。ところが経済的に自立した老人世帯は、子世代からの庇護をそれほど望んではいないが、遺産や経済的な補助を期待してなのか、子世代は恵まれた親とは家族的な関係を継続しようとする。現在子育ての費用がかさみ、経済的な報酬がそれほど期待されない状況だから、どの世代も庇護のパラドックスから容易に抜け出せないでいる。

このパラドックスを今の介護保険制度で解決するためには、公費・公設・公営といった原則論（あるいは措置制度）を名実ともに破棄し、介護サービスのために移民の受け入れも積極化するなど思い切った規制緩和によって、多様な介護サービスを選択できる方策を整えることだろう。在宅型サービスについて、すでに多くのＮＰＯなり営利企業の参入が始まっているが、施設型サービスについても同様の状況が望まれる。介護サービスについて在宅の場合、サービスを受ける側と与える側のミスマッチもある。受ける側は別居する実の娘を望み、実際は同居する息子の妻というケースが一般的だ。少子化と核家族化が一般化した現在の日本でいまだに家族の自発的負担に期待する「小さな福祉国家」など、もはや幻想に過ぎないことを、そして、これを打開する制度設計ができなければ無責任極まりない愚策であることを、政府も気づくべきだ。

地域格差の時代

市町村データで、総人口、総所得、人口密度、平均所得で地域格差がどれほどあるのかを、「ハーフィンダール指数」で測ってみた（図3）。この指数の数値が高いほど、格差が

図３：地域格差は再び拡大

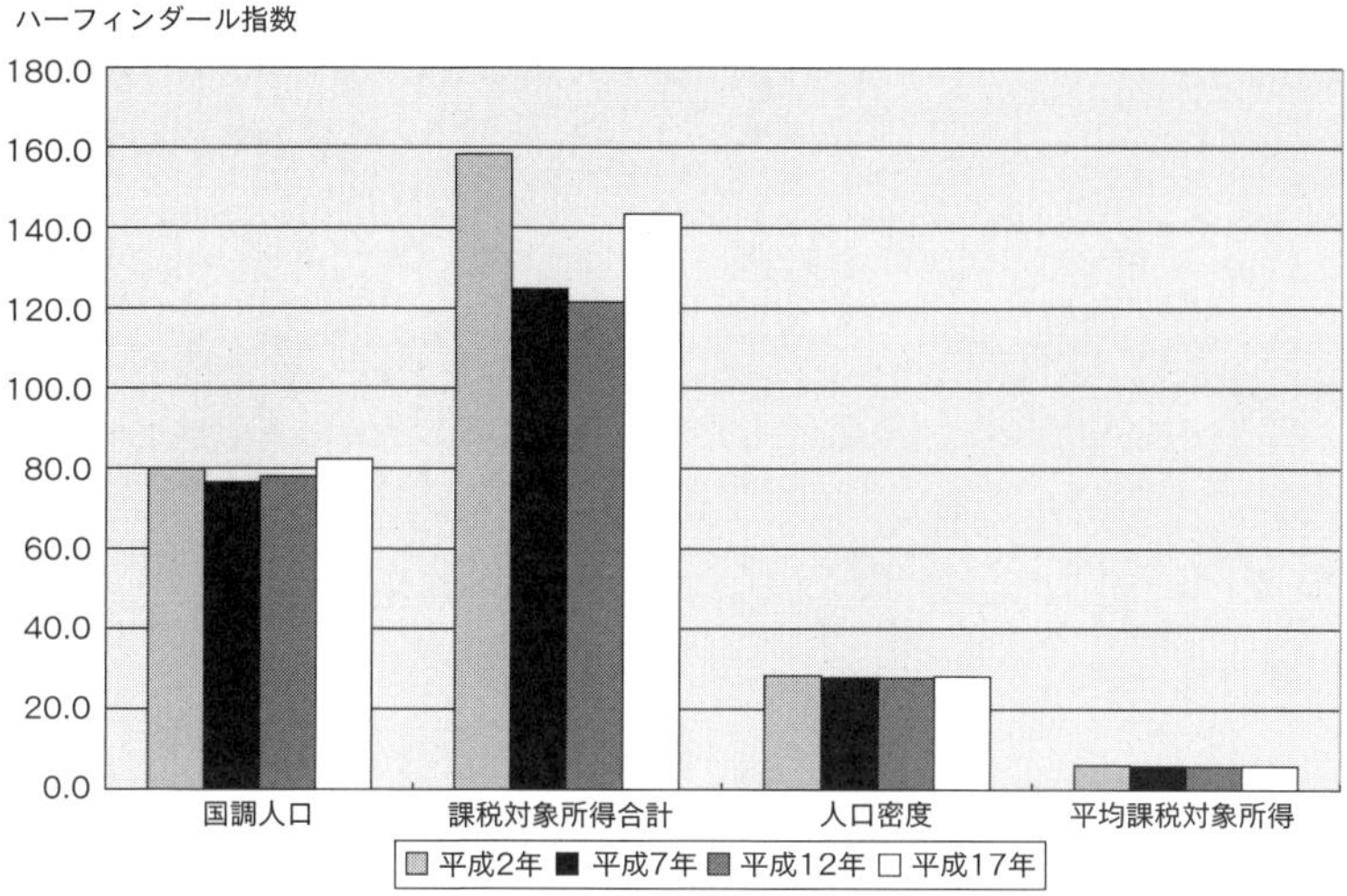

大きい。地域間で最も格差の出ているのが地域ごとの合計所得であり、それが平成二年から低下していたものが、再び平成一七年で上がり出している。次いで人口規模で、地域全体の格差は大きいが、人口密度や平均所得の格差は、それほどでもない。しかしもっとミクロでの動きを仔細に検討してみると、最も人口規模の小さなグループ（一万人未満、四九五市町村）ではその中で総人口も総所得も格差が高まっている。また、第二グループ（三万人未満、五〇五市町村）と第三グループ（五万人未満、二六五市）では、こぞって人口密度に格差が開いている。これは、住宅やショッピングセンターなどの商業施設、公共施設の郊外化と無縁ではない。人口が増加している時代の住宅政策に代表される地域公共サービスの郊外化が、人口減少時代の到来とともにボディブローのように地方財政を悪化させる要因になりつつある。郊外からの撤退戦略の良し悪しが、全国至る所で検討され始めている。郊外からの撤退、つまりコンパクトシティの成否を決定するのは、政策の優先順位を確定する住民たちの合意形成である。

第三章

「市場対国家」の図式終焉

政局と政策

政治状況は初期時点に左右される。そして次に、政治家とメディアと世論の混合気体のような定まることを知らないダイナミズムで、時計の針が動くたびに急変してゆく。

小泉政権はその良し悪しは別にして争点と利害当事者の色分けを明確にし、それを国民にわかりやすく絵解きする戦略を取った。この一風変わった政治状況に、国民も時には疑似当事者で参加し、時には観客として、経済の低迷による閉塞的な社会状況の中で、ある種のカタルシスを味わった。雇用をめぐる不安感の中で、国民が辛抱強く景気回復を待ったのは、この種の「意図した（と思われる）演出」による政治ゲームを楽しめたからだ。

それと同じことが今回の政権交代劇だとしたら、有権者に酷だろうか。選挙が有権者も政治家にも何の展望ない一時しのぎの「遊び」でしかないとすれば、「宴のあと」にこの国の将来はどうなるのか。無傷のまま官庁システムだけが残るのだろうか。今回の政権交代劇が他人依存からの覚醒を意味しているとすれば、五五年体制からの真の脱却を意味しなければならない。五五年体制の象徴が、官庁システムそのものなのだから。政権交代を機に「政高官低」の図式に本気で変えて、ちょうどバランスが取れるぐらい、霞ヶ関システムは堅固なのである。

官庁セクショナリズム

国民からの「高支持率」を遺産として受け取った安倍政権も、市場重視の小泉流「改革路線」を当然のように引き継いだ。国民からの「高支持率」と「改革路線」は双子のようなもの。多くの国民は「改革路線」で「多少の格差感」が出てきても、社会を閉塞させ資源配分に重大なゆがみを与える既得権益を打破してくれるほうが将来にとって良いと判断した。ただしその後の自民党政権の体たらくについては論評するに値しないので割愛する。

しかし、この種の既得権益の打破は一朝一夕でできるものではない。政官業の結束の強さもさることながら、政官業それぞれも単独で自らの既得権益を失うまいと躍起になるし、補助金行政がその代表であるように、ある種の既得権益は国民の間に薄く満遍なく配分されている。例えば改正された「まちづくり三法」のように、ある種の幻影に近い期待を商店街に与えてもいる。だから、先進国で最悪の財政赤字をはじめ、構造的弊害の除去がなかなかできない。政府のガバナンスに問題があるからだ。各省庁のOBをピラミッドの頂点とする強固なシステムを維持することを至上命題とする「官庁セクショナリズム」が、主要な要因の一つでもある。

もちろん、複雑多岐にわたる課題や利益相反する依頼人たちを「仕分け」して分担所掌を決め、違った視点から政策の質を上げ、効率的執行の実現に向けて競争・協働させるためにも、行政機能を省庁というセクションごとに区割りすることは理に叶っている。あるいは同一の課題を、それぞれの省庁の権能を活用して、それも有効に競わせる形で果敢に解決に導くことも大いにありうる。だから一概に「官庁セクショナリズム」が悪いともいえない。しかし世界まれに見る「行政国家」である日本では、縦割りの弊害やなわばり争いに代表される病理的「官庁セクショナリズム」は政府のガバナンスを確実に損なう。それは、省庁とそれぞれの関連集団が、プレイヤーとして政官業を巻き込んだ「政治的競技場」で資源浪費的な非協力ゲームを展開するからだ。

政治的レントの奪い合い

限られた政府予算や裁量に富む許認可権をもとに、いち早く社会的課題の構造的空隙にねらいを定めて既得権益を作り、維持防御し、あるいは拡大させる。公共選択論ではこの種の資源配分にゆがみを与える既得権益を政治的レントと呼び、それを追求し維持する諸活動をレントシーキング(「政治的レント」の独占を求めて競い合う、または活動することで社会の効率性を損ねる行為)という。ところで、政治的レントの獲得と維持にはある種の投資が必要だ。そうでなければレントは非協力ゲームの中で敵対するプレイヤーの間での奪い合う過程で消滅する。外部からの投資とともにレント自身を原資とする投資も追加されると、自己再生産過程がある種の均衡状態を背景にして勝者側に張り付いたままになる。これが既得権益となる。

政治的レントをめぐるこの種の病理現象が発生する主たる要因として、お役人たちの「天下り」がある。天下りは、省庁の人事報酬システムを変えない限り根絶はできない。生涯賃金はポストが減少する一方で非線形に上昇するから、上位ポストの「椅子取り競争」は勢い厳しくなる。予算と裁量行政を拡大させることで、ＯＢも含めて所属省庁への忠誠を目いっぱい明らかにしなければ、競争に敗れる。だから他省庁との情報回路の切断、それに起因する相互の連絡調整の不備などが発生し、いたずらに調整コストあるいは取引コストがかさむことになる。「省あって国なし、局あって省なし」という状態が一般化する。

この構造的均衡を「外部の力」で打破しない限り、浪費的なレントシーキング活動はいつまでも継続する。活動の継続がもとになって、大半のあるいはすべてのプレイヤー自身も損失を被る場合もある。それよりも、政策上のゆがみや政治的腐敗などのいわゆる「政治の失敗」を、高い確度で生じさせる。昨今の談合汚職はその好例といえる。だからレントシーキングのプレイヤーの数を「何らかの力」で限定し、プレイヤーの力にある種のバイアス（優先順位）をかけることで社会的浪費を減じるべきだ。

「脱官僚依存」が政治的メッセージに終わってしまうのは、国民にとってあまりにももったいない。官庁バッシングで国力が弱まるという意見もあるが、人材の独占と官僚機能の向上とは、必ずしもイコールではない。そこに適切なガバナンスの介在が必要だからだ。

政策イノベーション

政府のガバナンスを損なう病理現象を少しでも除去しようと橋本行革の基本方針（一九九六年六

月）が打ち出され、中央省庁等改革基本法が施行（二〇〇一年一月）された。二一世紀における政府のガバナンスのあり方を明確にし、政治主導による「内閣機能の強化」「省庁数の削減と再編」を打ち出した。バイアスをつけて内閣府を一段高い位置にせり上げて、「強力な調整機能」を付与し、同時に省庁というプレイヤーの数を機能と目的を勘案して削減・再編することで、調整コストを減じるとともにレントシーキングから生じる浪費を減じる工夫をした。

さまざまなプレイヤーが期待する政治的レントの削減のための制度的工夫として、二〇〇一年一月に設置された「経済財政諮問会議」があった。この会議体は内閣官房と内閣府を足場とし、首相を名実ともにリーダーとして省庁を飛び越していわゆる「官邸主導型政策決定」を展開する。これで、「省庁セクショナリズム」の病理から発生する政治的レントの発生を極力を回避する。また多段階の調整を必要とするこれまでのボトムアップ型政策形成をできるだけショートカットし、さらに政策形成をトップダウン型に転換することで、調整コストあるいは取引コストの削減をねらっていた。政治的レント削減、取引コスト削減にはある種の政策イノベーションを必要とする。この会議体の発した「骨太方針」「構造改革特区」「三位一体改革」という印象深い名称に現れるメッセージの明確性、政策形成過程の透明性、「工程表」で示されるプロセスマネージメントがその代表例であろう。

政策マーケット

「経済財政諮問会議」は政権が交代するたびに弱体化し、政権交代とともにその役割を終えたが、この種の組織は国家戦略を考える際に必要不可欠である。政策イノベーションの源泉であり司令塔であると評価できるからだ。国民もこの組織に注目すれば足りる。この種の組織が一層機能するには、次に述べるようないくつかのさらなる工夫や条件が必要だ。

一つは、学識経験者などの専門知をより高度に活用する工夫だ。仏革命時の数学者ラプラスが述べているように、「政策決定の質は、委任された成員の数と質に決定的に依存する」からだ。そのためには、経済学はもちろんのこと、他の周辺科学も含めた専門家を動員した「政策マーケット」の形成が必要だ。各種統計データをもとにした解析結果を土台にして政策アイディアを競い合う場がもっとあってよい。政策センスを持った学者を輩出するために、任期付任用制度を活用して、研究者が政策の現場に参入する「官民交流」をもっと積極化すべきだ。これは、学界自身にとっても理論と実践の対応づけができる。「経済学者は市場の光の部分を強調しすぎるし、政治学者は国家の光の部分を協調しすぎる」という政策科学者チャールズ・リンドブロムの警句も、ある程度払拭できる。官界も、職員の大学派遣などを通じて、個別組織対応型スキルだけのキャリア形成を変更できる。組織への忠誠の報酬としてのポストと「天下り」という「タテワリ温存型」システムを、根本から変えるきっかけにもなる。

次に、討議内容など政策情報の公開を徹底すべきだった。その点では、「公文書管理と公開」も視野に入れた情報公開を、もっと積極的に進めなければならない。情報公開法（一九九九年七月）は

霞ヶ関のトップ、財務省

国民への説明責任を果たす機能のほかに、省庁内階層間と省庁間の情報回路をもっと改善するためのものと考えるべきだ。「官庁セクショナリズム」の病理は幾分緩和されよう。説明責任とは、政策形成の場で討議に活用され練られた専門知を、世間一般が理解できるように編集し提供することを含む。いわば「専門知を公共知」に変換し提供することだ。その意味では、執行に関する「不透明性」でメディアを騒がしたタウンミーティングも、改善を施してむしろもっと活用すべきなのだ。今からでも遅くはない。政策の優劣を競い合う政策マーケットが、日本の民主主義の発展には不可欠なのだ。

「官邸主導型政策決定」の実効性を

担保するには、首相の政治的リーダーシップが不可欠だ。政治的レントが生まれやすい状況では、強力なリーダーシップによって与党も含めて政官業の既得権益擁護派を抑えて、プレイヤーにバイアスをかけ、彼らの数を極力限定することが絶対に必要なのだ。法制度上一段せり上がってはいるが、まだ余力のない内閣府と内閣官房を使って政策課題の仕分けをし、「官庁セクショナリズム」を十分コントロールしながら、省庁等に課題解決を委任する度量と知恵と実行力が首相に期待される。政府の「事業仕分け」などは、政治家自らがすべきことではない。むしろ事業の中味を熟知した省庁自身が率先して行うべきものだ。政治家が財務省主計局の役を演じて何になるのか。増税を見込んだ下手な政治ショーを見せられた国民は、いつか怒りだしてしまうだろう。また権力二元システムの弊害がいわれて久しい。官邸と政党本部のどちらに権限を集中すべきなのかは、リーダーシップのあり方にも関わってくる。漂流する日本に必要とされる構造改革の道はまだ半ばなのだ。

Teatime

統計の政治算術

「征服王」ウィリアム一世の土地台帳『ドームズディブック』を、英国中世を数字で表した絵画と述べたのは哲学者ヒュームです。孔子の『書経』にも同様の趣旨の記述がありますように、古今東西を問わず、政治が開始されたときに、その財政的必要性や軍事的必要性から、おそらく「統計」作業も開始されたといってよいでしょう。これは政治あるいは統治の基礎を「統計」が作ってきたことを示しています。さらにウィリアム・ペティ卿の『政治算術』は、統計学の基礎部分を作ったと同時に、英国産業革命の糸口を作ったともいわれています。

これほどの歴史を持ちながら、現在もなお内外の政策現場で多用されながら、統計の取り扱われ方が洋の東西を問わず不当なぐらい低いのはなぜでしょうか。「統計でうそをつく法」とか「必要とあればどんな数字だって作り出せる」とか、世の中に誤解を与え、統計の機能を過小評価させるような言説が、統計を専門とする側からも出る始末です。

とても不思議なことですが、ここにある種の皮肉が込められているのです。なぜなら政策現場で多用されるからこそ、政治的色彩の中でもみくちゃにされ、加工され、書き換えられさえもします。用が済めば、地味な存在の統計部門は政府予算査定の過程で埋もれ、冷遇され、忘れ去られます。これでは、政策情報として活用されるに足る、量と質の整った統計が収集されると期待するほうが無理というものです。

「統計」の良し悪しが政策の良し悪しを左右すると考えて間違いはありません。政策の必要性の判断、政策間の優先順位の決定、政策手段の選択と執行、そして政策評価といった一連の過程を考えてみればわかります。この政策循環の流れを注意深く観察し、適切な判断の上で微調整し、場合によってはドラスティックな処置を施さなければならない事態か否かを判断する政策当事者にとって、「統計データの正確性」は死活問題なのです。

では、統計データの正確性はどうすれば確保できるのでしょうか。ここではその制度的側面から主に検討してみましょう。

まず、省庁間の統計データの整合性を確保することです。これは当然ですが、統計データの作成から加工までの一連の作業の連続性を重視する関連部署から強い抵抗を受けます。担当者はこの統計データが政策現場でどのように活用されるか、されるべきかについて大局的な見識を必ずしも身につけているとはいえないし、誰からもそれを期待されもしませんでした。だから、統計上の定義や概念が省庁間で不突合を起こし、相反するような観測結果が発表される例もあります。

ところが、それを未然に防ぎ相互調整を図る機関どころか、満足に専門家もいない状況にあります。

統計データの適切な定義から始まり、注意深いデータ収集と加工、理論的基盤に基づいた統計的推測といった一連の流れは考えられますが、あいまいな定義で集めた統計データにいくら精緻な統計理論を当てはめたとしても、その解析結果の妥当性を疑ってかかってもよいという警句はいつの時代でもどのような場合でも妥当します。

冒頭のヒュームに習えば、統計データは現実の政策課題を忠実に反映し警鐘を鳴らす数字で書かれた映像です。洋の東西を問わず、錯綜した社会的課題が山積している現代です。統計データの妥当性、信憑性を担保するための制度設計や政策的措置を、今ほど求められている時代はないのです。

強欲や不誠実な思惑に左右される市場の調整能力もグローバル化と情報化の中であやふやになっている。他方、国家も同様の理由で、なかなか旧来からの制度的疲労を克服できずにいる。だから、社会の絆《きずな》が次第に消えうせようとしている現代社会で「市場対国家」の図式を超えるには、それに代わる図式を用意しなければ一般の国民は安寧も希望も持ちえないのが現状だ。市場が民の活動する場、国家が官の活動する場とすれば、双方の場をつなぎ、埋め合わせ、絶えず刺激しあう公共の場の一つとしてコミュニティを位置づける必要がありそうだ。コミュニティこそがＮＰＯやＮＧＯなどが生まれ育ち、活躍できる最小で最適な場であるからだ。

コミュニティの重要性

コミュニティの重要性を指摘したのは、アメリカの民主政治を賞賛したトクヴィルだけではない。一八世紀のスコットランドの哲学者デービッド・ヒュームは、相互に協力のない社会は、その社会の構成員全員を貧しいままにしてしまうことを農民たちの「小麦の一斉刈り入れ」のたとえを使って説明し、互酬システムの重要性を指摘した。権威主義を支えるのは他人依存である。階層システムを支えるのは利己主義である。閉鎖主義を支えるのはムラ意識である。前例踏襲主義を支えるのは臆病である。これらは社会のあり方を根本から変えようとするといつも抵抗勢力を形成する。そしてこれらを形成しやすいところに、社会の実験はいつも挫折する陥穴が生まれてくる。

他人依存に慣れてしまうと、自立への道は厳しい。責任の大半が自分に降りかかってくるからだ。

自分の領分だけを守ろうとする利己主義が局所的な最適解を実現しても、それが社会にとってはセカンドベストやサードベストでしかないかもしれない。他人依存、よそ者排除を前提としたムラ意識は、外の環境がどう変わろうと無視しがちである。コミュニティにもその傾向がないとはいえない。むしろ連帯力の強いコミュニティほど、その傾向は強く出る。コミュニティだけではない。展望の開けない状況にある組織では、閉塞感が「組織内ナショナリズム」と「夜郎自大な幻想」を伴って強化される。だから、取り返しのつかない結果を生んでしまう。「前例がないから」と、新しいアイディアや試みを無視しつぶしてしまうことが、パワーを独占する一部の人たちの利己的な都合と結びついてきた。それが地域や社会をどれほど悲惨な状態に陥らせるかは、先の大戦までの歴史を見るまでもない。地球上の至る所で繰り返される愚かな所業の結果は、映像で確認できる。あるいは若者に立案権を渡そうとしない全国至る所の中心市街地は歩いて確認できる。

地域が自らの足腰を強くしなければならない時代がやってきた。そのきっかけは、小泉内閣が主導した「構造改革」である。この潮流は政権が交代しようがしまいが、おそらく国民が支持する間継続するだろう。

構造改革は、「官から民へ」と「中央から地方へ」という二つの重点シフトで表されるが、これが「市場対国家」の図式とイコールの関係にあることを、国民各層も了解している。国民のニーズをいち早く見抜いた官が政策の設計図を引き、それに誰もが従う。発展国家型システムの制度疲労によって、設計図と現実が十分に対応できなくなったとすれば、政府を極力小さくして「市場の声」を聞けとなる。

市場に代置できるものは躊躇するなという。市場こそが潜在的なニーズを探り出し、顕在化し、新規ビジネスを創造するという。かつては官がうさんくさそうに見ていた宅配便の隆盛を見よという。公務員の立場に安住し、狭い個別利益にしがみつく政治家の顔色だけ窺っていては、世の中に存在するニーズを積極的に取り込もうとする殊勝な行動など出てきはしないという。財政赤字の元凶である「大きな政府は制度疲労」を起こしているから、小さな政府にするには官における人員削減が必要だという。地方の実情を知らない霞ヶ関の画一的な制度設計をなるべく放棄して、地方に決定権を委譲し地方の多様性を確保するべきだという。

これらの主張はあながち無視しえないところに日本の苦境があったし、今もそこから脱しえていない。しばらく、小泉流政策実験の成果をさかのぼって検証してみよう。

特区は地域主権の一里塚

小泉内閣による構造改革の成功例として代表的な「構造改革特区」は、骨太二〇〇二の重要な五つの施策の中の代表的なもので、大都市が国際競争力を持ち、地方が個性ある発展を遂げる「地域力戦略」だ。「地方や民間からの提案に基づいて規制改革の特例を認め、問題がなければ全国に広げてゆくことで、改革の突破口を開こうとする制度」として起案され実施された。構造改革の基本戦略として、二〇〇一年六月二六日に閣議決定された「今後の経済財政運営および経済社会の構造改革に関する基本方針」から議論され、二〇〇二年六月二五日に閣議決定された「経済財政運営と構造改革に関する基本方針二〇〇二」で正式にゴーサインが出された。

この構造改革特区は、規制緩和策の一種といえるが、「地域主権」が叫ばれている昨今、もっと積極的に評価すべき政治実験であったといえる。日本人はただでも熱しやすく冷めやすいのだから、あの頃の熱気を記憶の底から呼び起こし、もう一度その意味と効果を考えてみよう。

中央から地方への部分的な権限委譲であるから、当然中央省庁からの反発は必至である。したがって、これを推進するために内閣府の中に構造改革特区推進本部が二〇〇二年七月二六日に設置された。作成された「構造改革特区推進のための基本方針」には、①地方や民間が競争してアイディアや工夫をする、②財政措置を講じることなく、自助と自立で規制の枠を撤廃する、③法律・法令、通達などの幅広の規制対象をリストアップして、立案者が選択の自由度が担保されるようにする、したがって、④複数の省庁にまたがる場合もあることから手続き、決定のプロセスを内閣に一元化する、と明記されている。

また、構造改革特別区域法を二〇〇二年一二月一八日に公布したことに基づき、「構造改革特別区域基本方針」が二〇〇三年一月二四日閣議決定された。そこに掲げられた目標は、①特定地域で成功した構造改革を十分評価して「全国的な構造改革」へと導き、国全体の経済活性化へつなげる、②地域の特性に応じた産業の集積や新規事業の創出育成などにより地域活性化を目指す、の二項目である。

そのために、各地で作成され申請される「構造改革特別区計画」を受けて内閣総理大臣（推進本部長）が認定した計画については、規制の特例措置が適用されると同時に、①全国に敷衍《ふえん》するか、地域限定にするかなどの特例措置のあり方、②特例措置の効果や影響を実施状況から判断し、計画の是正や取り消しの判断、改善要求の必要性の観点からその実施状況の評価を行う、と明記された。これは政策形成過程が対象省庁を問わず、従来型の中央から地方へという流れを一八〇度転換したことを意味する。地方から中央（全国）へという流れが有効か否かを検証する点で、ある種政策イノベーションを引き起こす可能性を問う「政策実験」であった。時間が経過し、人々の注目を引くことはこれからないだろうが、構造改革特区は「地域主権」の成否を占う一里塚だったといえる。

特区をめぐる地方の思惑

この「政策実験」のスキームは、従来型の財政支援措置を伴わない、申請者の自作自演、つまり企画立案し実践に移すことを前提としている。財政的なインセンティブが付加されていない施策が地方に歓迎されたことは、特筆に価する。それだけ地方の現状に合致しない中央からの規制が行われていたと見ることができる。二〇〇八年八月時点で、全国から提出され認定されている特区の計画は、すでに全国展開された分を除き一〇四一件である。規制緩和に伴って、地方が威信をかけてアイディア勝負のコンペに積極的に参加するという競争的構図ともいえる。

全国すべての都道府県で何らかの特区が存在するまでに至ったことの意味を考える必要がある。おそらく、この認定数の何倍かのアイディアや試行的立案が全国各地から提案されたものと思われる。ある面では、中央官庁から起案され地方に下される政策や施策の中身の多くが、地方の実情に合致していなかったり、網羅性や運用の弾力性に欠ける点が多い現状を物語ってもいる。別の面でいえば、「従来の予算措置」を前提にしても、地方の実情に合わせ地域の行政にゆだねることで多彩で実り多い成果が上げられうることの一端を、特区制度への提案数が強く示唆している。さらに地域主権の可能性を示すものでもある。それがまた副次効果として、中央官庁の神経を逆なでにする効果を併せ持っていたことにも注意を喚起したい。計画をめぐって認定されたい地方側と認定したくない中央側のせめぎ合いが当然開始されることから、現状が如実に物語っているように、政治的リーダーシップが発揮されなければいつでも構造改革特区の変質する要因が現れる。

それはともかく、ここではまず、分野別の認定計画数と成果が出たことで全国化によって取り消された計画数を吟味してみる。対象分野は全部で一三である。認定数の多い順に、①生活福祉関連、②教育関連、③都市農村交流関連、④幼保連携・一体推進関連、⑤ＩＣＴ関連、⑥産学連携関連などとなっている。生活福祉関連が最多ではあるが、教育関連も多い。しかし、認定の数は多いが、教育関連の計画が全国展開される比率の低さについては注目すべきだ。全国一律の教育政策の有効性が、もっと問われるべきだ。

認定数の変化は、ブームの波と認可のハードルの変化と考えることができる。省庁別では、国土交通、文部科学、厚生労働、経済産業関連で大半の計画が提出されていること、複数省庁にまたがる計画も多いことが印象的である。各施策は省庁間の相互調整により「縦割りと住み分け」が完成されていることが前提だが、複数省庁で「重なり合う（二重支出、二重投資の無駄につながる可能性が高い）」可能性が否定できない施策もある。さらに縦割りと住み分けが逆に「行政の隙間」を発生させているので、それを地方の実情に合わせて「繕う」ための構造改革特別区域計画を、国として認可させた可能性も否定できない。

また、全国展開が実現し「構想改革特区が取り消された」計画数は、経年的に逓増することの意味を考える必要がある。地方が中央に認定を受けやすい計画を提出するノウハウを獲得した。また、その裏返しとして地方の提出する計画が霞ヶ関の既得権や制度的枠組みを必ずしも脅かすものではないことが、中央にも認識されだした。いわば実験に対する抵抗が中央で低下すると同時に、「構造改革特区を我が地域でも一つは」というある種の威信と安全策を是とする「模倣」も含めて、実験の中身も次第に小粒化した。また世間的関心も薄らいでいる。その点では、初期の段階で認可を受けた計画は意気込みもインパクトも強いものが多かった。したがって、一部の例外を除いてなかなか全国的適用がなされがたい申請も多く含まれていたと見てよい。その中で、二〇〇三年四月に構造改革特区認定の第一号となり、二〇〇五年七月に全国展開に伴って「取り消された」八王子（東京都西郊）の計画は、注目に値するといえる。

教育をめぐるガバナンス

地域の課題解決の最大最重要条件は優れた人材の発掘と育成といってよい。それは教育によってしか実現できない。その重要な教育に関する構造改革特区のうち、全国展開が可能になったものが認定数の多さに対して少ないこと、そして全国展開がなされたものの大半が「市町村費負担教職員任用事業」である点からも、教育に関する構造改革特区のありようが浮かんでくる。すなわち、教育に関するものは「機会均等」で代表される平等原則に則った全国一律のあるいは従来型教育制度の可否を問う形での構造改革特区が多く、申請者が意図するか否かにかかわらず全国的インパクトの高いものだ。株式会社立学校の設立、教育課程の弾力化などが代表例であろう。

教育の公共性を最重要視する立場を、文部科学省、あるいは教育学者から主張される場合が多い。教育の公共性については、仏革命の犠牲者コンドルセーの主張「教育の優れている点は、その分け前に預からない人々にとってさえ利益となる」ことに尽きる。個々人の教育上の成果による利益の帰属は、社会に還元される。と同時に社会の存続発展、公共の利益増進も個々人の教育上の成果に依存する。だからこそ、万民が受ける義務教育は公共性がすこぶる高いので、とくに平等原則を能力原則よりもウエイトを高くしなければならない。そのため日本は中央集権的な教育行政をこれまで維持してきたといってよい。しかし、先ほど見たように教育関連の特区申請は生活福祉関連に次いで多いのである。これは、全国一律の教育行政に対するある種のオールタナティブの存在の多さを示唆する。しかし、地方からの教育関連の特区計画のうち全国展開できたのは、それほど多くはない。あくまでも、「地域の特殊性に配慮」の域を出ない。これは、義務教育の平等原則の維持には、中央集権的な行政上の枠組みが必要不可欠であるとの認識が強いからだ。

ところがこの認識に対する挑戦に、中央で教育を担当する側は常に守勢に回ってきた。これは「政策形成のタイムスパンの違い」と総括することもできる。まず、学校選択制については、教育への競争要因の導入という「教育の自由化論」を打ち出した臨時教育審議会の第三次答申（一九八七年四月）に対して文部省は消極的な姿勢に終始してきた。しかし、規制緩和推進三カ年計画（一九九八年三月の閣議決定）を受けて、学校選択の弾力化を保護者に周知するための情報収集に当たることに当時の文部省の「姿勢」は変化してゆく。その後、経済戦略会議答申「日本経済再生への戦略」（一九九九年二月）による「画一的で競争のない義務教育に複数校選択制を導入し、生徒が自らの適性に応じた学校を選択できる自由を与える。それによって、学校間の競争促進を図るとともに、多様な人材を輩出できるよう、各学校での多様な教育カリキュラムを認める」提言も後押しをすることになり、消極的だった文部行政は、学校選択への流れに乗らざるをえなくなった。

現在も基本的には平等原則から全国一律を堅持しようという目的から、中央集権的色彩の強い義務教育制度が採用されている。地方の自由度の拡大が地域特性を色濃く反映することによって、いわゆる「学力格差」を生じさせないかという懸念を教育行政当局や教育専門家は払拭できないでいる。その理由の一端は通学を前提とした学校システムにある。通学を前提とした学校システムは、

「供給側の考える」平等原則を実現するために極めて効率的な教育システムだ。教える側はもちろん、「効率的」という評価は教えられる側にもいえる。教える側が教室の大きさに合わせて教えられる側を集めて、同時に同一の教科内容を同一の教材を活用して学習させることができるからだ。したがって、大半の国の教育行政は学校システムを採用している。

しかし、学校システムは環境要因に左右されるシステムでもある。例えば、教師を含めた教室の有様、地域の経済力、産業構成、両親の職業構成、家庭の教育意識などが学校システムに与える影響の強さについては多くの研究がある。明治以来、中央政府の教育部局は「結果の」平等原則を貫くためには、地域特性の影響を薄める形である種画一的な水準や範囲を中央集権的に決定し、教育現場に遵守させる必要があると考えた。この極めてガチガチの教育行政に対して、時代とともに都道府県レベルあるいは市区町村レベルから自由裁量が求められるようになってきた。「より現場に近いところ」に決定力を委譲してほしいという声である。これは都市を中心に、初等・中等教育における公立学校と私立学校の比較優位性をめぐる議論とも重なるし、都会と地方との教育格差の存在とも重なる。

もう一つは二〇〇二年の骨太の方針によって火がついた、地方財政（補助金・税・交付税）についての「三位一体改革」の論議である。その中で、義務教育負担金（公立小中学校の教職員給与の半分を国が負担する）の一般財源化が争点になった。これを機に、全国知事会など地方六団体から義務教育に関する国と地方の役割分担に対する本質的議論が出ることになる。その結果、総額裁量制という予算配分に対してかなり地方にとって、自由度の高い制度が文部科学省側から提案された。

このような一連の政治的流れから、教育に関する構造改革特区を考える必要がある。情報社会の進展と少子化社会の本格化は、教育投資の内部収益率を高める必要性を増大させるだろうし、公教育への地方財源の注入は、担税力のある世帯を引き寄せる。つまり地域において教育は「担税力のある住民の取り合い」という政治的争点になりうる。以上の議論の流れと八王子の申請した構造改革特区計画の申請承認とは、関係当事者に認識されていたかどうかにかかわらず決して無関係ではない。

特区申請は「実験の創発」

八王子は市制九〇年を超えた古くからの産業都市であると同時に、北西に中山間地、南東に多摩ニュータウンを抱える五四万都市であり、多様な地域を含む日本の縮図ともいえる行政区である。総予算のうち教育予算はおおよそ一二・五%の規模である。小学校七〇校、児童数三万人弱、中学校三八校、生徒数一万三千人ぐらいである。

首都圏の典型的な郊外都市であるため、ニュータウン開発形の住宅地の造成や市街地への事業所誘致が盛んでもある。人口減少社会の中で人口の社会増を図るには、他地域からの流入人口を増やす方策を取らざるをえない。居住地の選択は都心へのアクセス時間と住宅サービスを主とする居住環境の水準、そして支払い能力によって決まる。居住環境の水準を決定する最も重要な要因として公教育サービスの質がある。

教育委員を五年ほど務めた印象からではあるが、八王子の公立小中学校は二三区に比較して、教員の側から任地校として希望される可能性は極端に少ない。また学力定着度調査においても、東京都の平均よりも決して高いスコアを取っているわけではなく、むしろ下位から抜け出せないでいる。しかし、教育をキーワードにしたまちづくりをすることで、教員の八王子に対する認識を新たにしてもらうこと、その決定打として構造改革特区を活用しようという意気込みが、市長をはじめ八王子市当局にあった。これは十分にインパクトのある野心的試みだ。「八王子市が教育の構造改革に手をあげた」というメッセージは、都内、あるいは多摩地域に居住する担税力のある世帯層に十分アピールした。

八王子市がこのような試みをするに至った理由を、「実験作業」を創発し、そして起案した教育委員会の資料に沿って検討する。もっとも、この創発も初期の段階で有力な支持が得られなければしぼんでしまう。しかし、強力な「共鳴」があって実験に向かっての具体的作業へとつながる。その共鳴の一つは市長からなされた。教育に関して市長が積極的な関心を持ち、「私塾」でもいいから「不登校児童生徒対策校」を作る仕組みを行政内部で検討させた。またこの実験の成功には、教育委員会全体で取り組む体制作りが必要であり、これが有力な共鳴体でもあった。教育委員会は「教育の規制緩和」について強い関心を持っていた。一つは「学校選択制」があげられる。そしてもう一つ、「不登校生対策」についての試みの蓄積があげられる。

不登校関係の対策と「学校選択制」とは関連が深い。なぜなら通常の学校だけではなく、不登校生対象の「正規の学校」を父兄も児童生徒も選択できるからだ。八王子市で学校選択制は二〇〇四年に導入された。これは地域にも就学児童生徒を持つ家庭にも、抵抗感もなく定着した。例えば、二〇〇六年度の小学校新入生のうち一一・四%が学校選択制を利用して「割り当てられた学校以外」を希望している。また理由の大半が、「兄姉が通学、もしくは卒業の学校へ」(二四・六%)、「通学時の時間距離」(二五・六%)、「子供の友人関係」(一七・九%)、「学校の特色・校風」(八・九%)などである。他方、中学校新入生ののうち一七・二%が学校選択制を利用して「割り当てられた学校以外」を希望している。また理由の大半が、「子供の友人関係」(二四・五%)、「学校の特色・校風」(二六・四%)、「部(クラブ)活動」(一五・二%)、「通学時の時間距離」(一三・〇%)、「兄姉が通学、もしくは卒業の学校へ」(一二・四%)などである。

不登校児童生徒数は全国で見ると、若干減少気味である。その中で、八王子は出現比率で見ると全国平均よりも若干高い。八王子市では特区申請以前に、以下のような対策を講じていた。①緩やかな学校復帰を目指す目的で、「適応指導教室」の設置(一九九五年度より)、②児童生徒の相談相手として「メンタルサポーター」の派遣(一九九九年度より)、③担任を中心とした家庭訪問・専用電話相談(二〇〇一年より)、④学習支援の「アシスタントティーチャー」の配置(一〇〇二年より)、⑤登校支援ネットワークの構築(二〇〇三年より)である。しかし、不登校児童生徒の母集団のごく一部しか対象にできていないという現状分析がなされ、状況の打破には、市独自の抜本的教育指導体制が必要という判断が教育委員会により下された。的確な判断は、これまで数々の試みを行い、経験が蓄積されていたからだ。適格かどうかは現状と合致しているか否かを問うたアンケート調査（二〇〇二年実施）の結果がそれを裏打ちする。すなわち、①先生以外の相談相手が欲しい、②絵画、楽器演奏、スポーツなど、興味のあるものに打ち込みたい、③休んでいたので学校の教科についていけない、④友達と相談する部屋が学校に欲しい、などである。

以上の背景をもとに「不登校対策」の本格的展開が始まるが、判断は政治的タイミングの点でも的確であった。理由は構造改革特区制度の開始である。それまでに東京都との間ですでに教育課程（学校における教科内容）の弾力化が必要不可欠であることから、学校教育法の運用の調整を行っていたが、一向に状況の打開が進んでいなかった。このままでは「八王子独自の不登校対策」は頓挫する。また、政府も構造改革特区制度を活用する事業の成功に確信を得たいため、比較的フィージビリティの高いものを全国に求めていた。こうして二〇〇二年の八月頃より構造改革特区推進室など国の機関との間でヒヤリングや調整を重ね、二〇〇三年四月に「構造改革特別地域計画」申請、同月に第一号の申請承認という最短のスケジュールが組まれることになる。

また、教育関連の申請の多くが「市町村費負担教職員任用事業」関連であったことから、八王子市が申請した構造改革特区計画は、関連分野での成功確率の高いニッチ戦略に沿ったものだった。

八王子「高尾山学園」設立

二〇〇二年に新設校開設の準備をしてから開校まで約二年間かかった。校舎は、小学校の統廃合により廃校になっていた館町の旧殿入小学校を活用した。耐震工事を含む全面改修をした上で新たに小中一貫校「高尾山学園」として二〇〇四年四月に開校した。学校の教育目的は、①心の安定の提供、②児童生徒各自への適切な学習支援、である。その目的実現のための工夫として、①弾力的な教育課程の措置、②職業選択への体験学習重視、③児童生徒および保護者へのメンタルケア充実、をあげる。

では、工夫の一端をカリキュラムで紹介する。

基本的には、カリキュラムの時間数は、ほとんど学習指導要領に沿っている。時間数削減は小学校部三年生の一二％、他は一五％に満たない上に、中学校部では一律一八％の削減である。したがって、時間短縮よりも、教科内容をよく吟味し取捨選択する工夫と、読む・書く・聞くという基礎的リテラシーについては「学年を超えた」習熟度別指導の徹底を重視して、カリキュラムが組まれている。また、従来のいわゆる「体育授業」ではなく、スポーツを通してコミュニケーション能力を向上させることも重点においている。他方、生活科を削除して、「総合学習の時間（マイスタータイム）」を作り、もの作りをさせる。体験講座では地域社会との接点を持ったり、職業体験（ある種のインターンシップ）、社会奉仕体験などを地域のＮＰＯ、自治会などとの連携で推進するなどがあげられる。さらに、社会性の育成のための特別教育プログラムをはじめ、基礎学力の定着・向上を目的として、メンタルケアの専門家も含む多様な教育スタッフと学年枠を超越した弾力的な強化構成の工夫を通じて、不登校生が登校生に切り替わる手助けをする工夫がなされている。また、受け入れる児童生徒は希望者があまりにも多いため、二〇〇四年後期より市内在住者のみに限定することにした。

実験現場としての「高尾山学園」

さて、学校に限らずどの活動も質の高い「人・物・金」が必要である。開校に伴う費用は二〇〇三年度決算資料によれば一四億円弱である。内工事請負費が一一億円弱で最も比重が高い。次いで人件費である。小中一貫システムであるから、校長は一名、教頭は小・中一名ずつ、主幹と教諭が一七名、養護教諭二名は都の負担する職員費によってまかなわれる。東京都と市の合同支弁がスクールカウンセラーと事務職四名、あとは市独自の財源でまかなう職員がメンタルサポーターから管理員まで含めて二二名である。市独自の支弁する事業費は職員人件費を含めて四千五百万円弱である。

二〇〇六年度について見ると、児童は四、五年生が三名、六年生が五名の八名（うち、女子六名）で、中学一年生一一名、同二年生が二〇名、中学三年生が五四名と、学年が上がるにつれて児童生徒数が増えるという傾向にある。転入学の受付は第一期は五―六月に受け付け、六月末から七月に

図４：登校支援ネットワーク（八王子市計画を筆者修正）

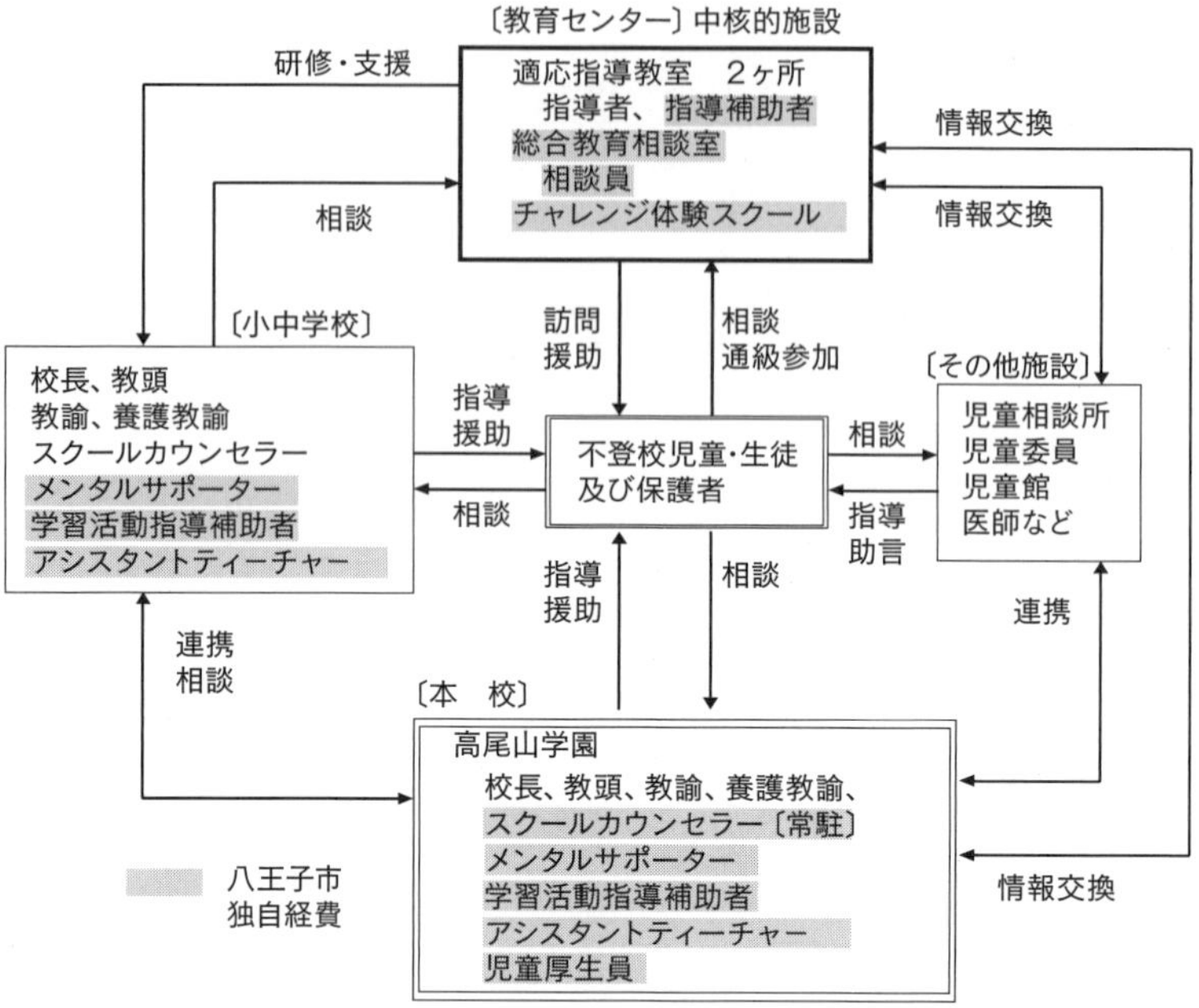

かけて九日間の体験通級、そして登校の可能性を見極めて転入学が八月三〇日である。第二期は九―一〇月に受け付け、一一月に九日間の体験通級、そして登校の可能性を見極めて転入学が　月九日、第三期は一一―一月に受け付け、一月末から二月にかけて九日間の体験通級、そして登校の可能性を見極めて転入学が四月六日となっている。このように、体験通級の申し込み受付が年三回、親子面談、体験教室、転入学審査会の判定、転入学の手続きとなる。最近のデータは、八王子市教育委

員会のホームページで確認できる。

さて、高尾山学園は、不登校児童生徒のための「登校を促す学校」という一工夫をした学校である。二〇〇四年度の平均出席率は六四％、二〇〇五年度は六五・三％となっている。また、二〇〇三年度に「欠席率八〇％以上」だった典型的な不登校児童生徒である三七名について入学後の欠席率を見ると、「八〇％以上」が九名、「六〇〜七九％」が五名、「四〇〜五九％」が五名、「二〇〜三九％」が三名、「〇〜一九％」が一五名という結果である。「改善率」の数字を低いと見るか高いと見るかは判断基準を読者にゆだねたいが、「不登校学校」が無用のものとなったときが、不登校対策の必要性が薄れたときと考えるならば、平均出席率が六五％という数字は明らかに改善を示し、それを社会も認知しだした。したがって、域外からの見学者や体験希望者が増加している。さらにこの試みが全国展開に向けて大きく舵が切られたことから、八王子市による取り組みは成功事例として長く記録されよう。

実験の本質は終了すること

一口にいって「小泉構造改革内閣」自体が、ある種の実験であった。市場原理主義の色彩が濃かったがゆえに地方の格差を拡大したという意見もあるが、そうではなくて格差是正を進める原資が国になくなったことが大きいことに、我々国民は気づくべきだ。地方の疲弊を放置し、東京独り勝ちを意図的に作り出したわけではない。地方に自立を要求せざるをえないところまで国家財政は破綻の瀬戸際にあるという危機を、国民はもっと自覚すべきなのだ。自分に投げかけられた重い課題を他人事《ひとごと》ではなく自らのこととして考えずに、この国の未来はない。ところで、ある種の実験を伴う政策マーケットでは完成品としての政策を並べて吟味・評価してもらうことを目指してはいない。「試供品」を政策マーケットの店頭に並べた類のものともいい換えることができる。また、試供品に対する評価を霞ヶ関や永田町の専門家集団より、小泉流では一般国民という素人集団にゆだねる戦略を取った。

ここで、彼の戦略はねじれた構造を持ったことも指摘せざるをえない。本来、試供品は専門家集団にまず評価をゆだね、その意見をもとにさらなる改良を図り、一日も早く完成品を世に出すというプロセスが重要だった。そのほうが社会的摩擦は少ないからだ。しかも、試供品を作った本人が責任を持って改良に当たるということが本筋といえよう。霞ヶ関が信用ならないと自らの手で「試供品」の生産に当たりながら、改良も「完成品」の生産も霞ヶ関に大部分丸投げした。意図したかどうかは判断の分かれるところではあるが、試供品のＰＲにメディアも協力した結果となった。その意味では、政策形成から決定までの従来からのプロセスとは一味も二味も違う、大衆受けする刺激的なプロセスを官邸主導で作り出した。結果を見れば、試供品の一部がある点で劇薬の類だったことは認めざるをえないだろう。

「政策の実験」といえる構造改革特区で生まれる「政策試供品」については、地方発案・実行と霞ヶ関の改良認可という点で一味も二味も違ったものということができる。「地方の発案」は政策形成、政策決定の場を一応霞ヶ関と永田町から地方に移す実績を作ったからだ。そして、この試みに成功した地方は次のステップを要求しだしている。例えば、二〇〇四年六月に八王子市は「新教育システム開発プログラム事業」として前回の構造改革特区の経験を踏まえ、「二年間で不登校児童生徒の二割削減」する野心的なことを謳《うた》った計画を文部科学省に提出し委託契約を結んだ。地方が創発し、地方が実施し、そして全国的に普及させる。中央が作り、地方が実施する従来の中央集権的なプログラム設定という一八〇度転換した動きが「構造改革特区制度」をきっかけとして出てきた。地方の時代を作る実験は、地方自身の創意工夫と試行錯誤から生まれてくる。その仕組みをまだ内閣主導で作らざるをえないという状況だから、「実験は中間段階」にある。しかし着実に地方が主役になる地域主権時代はやってきつつある。

高尾山学園の第一回中学部卒業生四一名の進路先は都立高校（全日、夜間、通信制）一七名、私立高校（全日、夜間）一二名、高等専修学校五名、就職一名、その他六名となっている。小学部卒業生一一名はそのまま中学部に進学した。その卒業文集には親や教師たちに当てたメッセージが含まれている。そこには、学校教育と家庭教育の相互補完的関係の重要性が読み取れる。不登校児童生徒のためという「矛盾した学校」は、地域や家庭から決して独立した存在ではない。学校はすべからく外部に存在するさまざまな工夫や思いや気配りを、適切にそしてよいタイミングで投入するための弾力的な施策を欲している、学びの空間である。その一つの実験が八王子市の創造した「高尾山学園」で行われ、モデルケースとして全国に着実に波及しだしている。

「市場対国家」の図式を超えて

ヒステリックで不安定な、そして時にはアンフェアな胡散臭《うさん》さが漂う市場システムが、リーマンショックで再確認された。確率法則で不安定化し格差を増大させる社会システムを正常化するために、下支えする制度として何があるのか。例えば、恐慌を突破するために「人為的な介入」あるいは政策の必要性を説いたのは、ケインズであった。公共事業もよろしい、賃金の低下に対する労働組合の抵抗もよろしい。「財政赤字」や「国際競争力低下（あるいは高コスト社会）」を目の敵にする陣営から見れば、「何を血迷って」という反論も受けるだろう。しかし、市場の自浄作用にあまり信用が置けないようなときには、思い切った人為的介入も含めて公共政策が必要であるという柔軟性が必要なのだ。彼が偉大な経済学者といわれたのは、大半のエコノミストが守護する「万能の経済人」を虚構で有害なドグマだと一刀両断にしていたからだ。

国内の需要不足と世界的な供給力の増大がアンバランスであることから「デフレ現象」は生じている。だから、将来的な楽観論を国民が持つために「賃金や雇用」に思い切ったメスを入れることが必要だ。そもそも「市場」というキーワードは「貨幣」という数字の羅列とそう変わりはしない胡散臭さを秘めている。しかし、市場に対する人為的な介入は、政治に翻弄され続けてきた。グローバル化した中で生産性と連動しない「硬直した賃金・雇用制度」と、原資に対する甘い期待を根拠にした手厚い高齢者福祉を基本とする政策が、国際競争力を低下させてきた。日本とドイツの例を見ればわかるように、いち早く「小さな政府」へのギアチェンジを成功させたアングロ・アメリカ陣営に、経済運営で後塵を拝することになる。恩情的な「大きな政府」への深い反省の上に「市場対国家」という図式がある。そのイデオロギー的支柱としての自由放任の市場万能論から延々と流れる「小さな政府」論の台頭があった。しかしイデオロギーが必要な時期もあるが、永遠に金科玉条ということはありえない。「見えざる手」の虚構も、時代とともに色あせる。

「見えざる手」のレトリックを用いて「市場システム」を評価したアダム・スミスには、『道徳感情論』という著作もある。そこでは、「同感と好意と理解をもって注目を集めることが、我々が追求する利益のすべて」といっている。彼の二つの言説には矛盾はない。社会からの好意と注目を集めることのために経済的行為を実行に移す。自己利益と社会的評価とが密接に結びついているのだ、とスミスは説いている。社会的評価を語るとき、モラルあるいは道徳性を抜きにすることはできない。道徳によって裏打ちされない経済的成功に対して、社会は決して高い評価を与えはしない。ビル・ゲイツ夫妻やウオーレン・バフェットに代表される欧米の富裕階級で熱心に行われる寄付行為や慈善事業が、たとえ社会的贖罪や偽善を含んでいようが、それは彼らが宗教感も含めて社会的評価に敏感であることと無関係ではない。そしてこのようなシステムを制度的に支援する税システムの存在も大きい。しかし、我が国では税制上の恩典を与えられた市場や政治の失敗を補うべき洗練されたＮＰＯやＮＧＯは極めて少ない。「社会の網の目」（セーフティネット）で支えきれない人たちの存在は、本人たちだけの責任ではない。前の章で格差が自動的に生じるシミュレーションモデルで示したように、「神様でない」人間にとって幸、不幸は予測しがたい事柄なのだ。幸も不幸も「社会的結果」である場合も大きい。自助の精神のみで語ることができない部分がヒトの世には多いのだから、セーフティネットを二重、三重に張ることが、社会的秩序を維持するためには「相対的に安い」ということを今一度確認すべきだ。「予測も例外も許されない明日に潜む不確実性」を誰もが課せられていることを自覚すれば、哲学者ジョン・ロールズが述べているようにセーフティネットについては社会的合意が求められるはずだ。当然その国民的合意に必要な説得は、政治的リーダーの役割である。

「人は過去の学説から自分は自由であると思い込みやすいがそんなことはない」という趣旨のことをケインズは書いた。その通り、マーガレット・サッチャーの「小さな政府論」を支えたキース・ジョセフの政策論も、かのアダム・スミスの「国王の土地を借金財政の解消のために民間に売り払えば、何年もしないうちに肥沃な土地に変わるだろう」という言葉に触発されていないと誰がいえるだろう。問題は、だまし絵作家マウリッツ・エッシャーの有名な作品『relativity（相対性）』にあるように、どこに立脚点を置くかによって、理論的につきつめればつきつめるほど「帰結」は異なってこざるをえないのだ。だからといって、この種の議論が不必要といっているのではない。相対立する言説の理論的な帰結が、政策担当者にどのようなビジョンを描かせ、それが広く国民に共感を得られるかどうかまでの推量から確認までの一連の作業を十二分に行うことが重要なのだ。

ポジティブフィードバック

何回もいうが、市場の力は決して万能ではない。めったに起こらない不測の事態に襲われることがたびたびあるからだ。だからいつでも、市場が予定調和に失敗する状況を考えていないといけない。

まず、成功が成功を呼ぶポジティブフィードバックが、なかなか改まらないことがあげられる。成功と失敗が等確率で起こるなら、時代とともに、ピンとキリの差はどんどん開いてゆくし、同時に次から次へとライバルが現れて市場が活気づくこともありうる。しかし、収穫逓増の条件下では、勝者がすべてを獲得し（ウイナー・テイク・オール）、それを成功への投資に回すことでライバルを蹴落とし、独占への道を加速しながら突き進んでゆくこともありうる。その勝者が偶然の産物だとしたら、消費者にとってベストだとは限らないから厄介だ。

今でも、パソコンのキーボードの文字の配列が、タイピストが使っていたタイプライターのメカニズムに引きずられたまま生き残っている。そして、パソコンソフトウェアの一番の優れものが生き残っているわけでもない。市場は偶然の要因で「ロックイン（施錠）」されてしまい、それからの変更などが簡単にできなくなってしまう。マイクロソフト帝国、インテル帝国そして最近はグーグルとアマゾンの急成長勢力の快進撃を、今や誰も覆せない。

ほんのちょっとしたきっかけが勝者と敗者を分ける「市場の気まぐれ」は、いたずら好きの悪魔がサイコロを転がすのに似ている。だからこそ社会を健全に維持するためには、市場の欠陥を補うための補整装置が不可欠なのだ。その装置が弱かったり、網目が粗かったり、広がりが不十分だったりすることもあるからといって、「装置はいらない。市場に任せておけば大丈夫」という短絡的議論をすべきではない。アダム・スミスの「神の見えざる手」がうまく働く分野や領域は、実は本当に少ないのだ。

規制緩和は、決して公共政策の撤廃と同義ではない。例えば、セーフティネットの網目を調節したり、カバーできる領域を増やすためのサイズを大きくしたり、耐久力を強化したりすることが重要だ。しかし、政策はヒトが作りヒトが動かすものだから、公共「政策」も失敗することもあることを念頭に置かねばならない。

新しい「対抗力」

大都市も田舎もあり、大企業と中小企業があり、私たちの社会はさまざまな多様性を持って存在している。平均的、均一的な競争解の存在を確かめるだけで「判断を停止する経済学」のテキストに書かれた月並みのご託宣にすがりきっていては、何も解決はできない。現実は豊穣な多様性が経済の活力を生み、新たな競争を演出しているのだ。

確かに、競争過程は「標準化」の過程でもあるから、本質的にばらつきを平均値の周囲に閉じ込める傾向が強い。そしてこの過程で必ずしもベストではないディ・ファクト・スタンダード（現実が作り出す実質的な標準）が決まってくる場合もある。その軌道修正を市場に任せない、あるいはコントロールする過程を必要とする場合が多い。標準化や許認可や規制といった分野で、政府など公的部門は伝統的にこの役割を期待されてきた。だが、期待された側に残る硬直的姿勢に業を煮やした民間が、相互扶助、名声といった非金銭的動機で動き出した。ＮＰＯの大発生や、LINUXなどのフリーソフトやネットでコミュニケーション空間を共有する世界最大のMy Spaceや日本のMixiのＳＮＳ（ソーシャルネットワーキングサービス）やTwitter（ツイッター）は、その好例かもしれない。

ひところ流行したＪ・Ｋ・ガルブレイスのいう「対抗力」が常に働いている多元性を持った社会が健全な社会なのだ。新興勢力による対抗力を形成するネットワーキングに、インターネットの普及が効力の下支えをしている。つまり、ある種の「サイバーコミュニティ」が、地球規模で出現しつつある。硬直化や固定化をはばむ「対抗力」が次々に覇者に対して挑戦する環境を作り出すダイナミズムこそが重要なのだ。

第四章

進化するボランティア

コミュニティの課題山積

社会の公共性を議論する際に話題に上る「開かれた社会」とは人間能力の有限性を前提にした社会運営と漸進的改善を受け入れる社会ではないか。哲学者カール・ポパーの弟子であり、そして稀代の投機家でありながら、社会運動家でもあるジョージ・ソロスも同様の指摘をしているから、あながち間違いではない。

人・物・金・知識やアイディアが障壁なく交流するオープンシステムとして地域をとらえる。そして、人々が固まって生活している単なる「居住空間」としてでなく、試行錯誤に寛容で、お互いの多様性を認めあう、ある種の「地域的意思決定システムを内包した空間」としてコミュニティをとらえる。

中央から地方へある種の決定権の移動、グローバリゼーションの進展とそれに伴う国家ガバナンスの低下、人口減少時代における世代間の住み分けと限界集落、NPOを中心とした『民が公共領域の一端をになう」動き、自然や社会秩序に関連したリスクなど、私たちのこれから議論するコミュニティでこれから対処すべき課題は山積している。コミュニティがこれらにうまく対処するために持つべき「スマートな（賢い）意思」の形成には、人的なリーダーシップとともにアナログ、デジタルあるいは、リアルとバーチャル双方がうまくミックスされた情報ネットワークの構築が決定的に重要な役割を持つ。「人的リーダーシップ」の重要性とコミュニティを構成する人たちの間で取り交わされるコミュニケーションのあり方や彼らが活動のよりどころにしているＮＰＯのあり方に焦点を合わせて、「コミュニティを形成する要因」を考えよう。

「思いやり」と「信頼」

フランシス・フクヤマは彼の書『「大崩壊」の時代』の中で、彼が住むワシントン郊外で実際に起こっている事例を紹介している。

ラッシュアワーの車の混雑を少しでも解消しようということで、行政が呼びかけたのでも誰かが仕組んだのでもなく自然発生的に、出勤途中の勤め人たちが朝食をとりに集まるカフェで自分の車を降り、他人の車に同乗して通勤先のダウンタウンに向かう習慣がある地域で始まったのは、そう古い話ではない。これは、日本でも始まっている会員制の「カーシェアリング」の先駆的事例だ。たとえメンバーシップが確立していても、他人を乗せるリスクはそれほど低くはないはずだ。また、いつも車を出す人、乗り込む人のバランスはどうなのだろうか。帰りはどうするのか。数え上げればきりがないぐらいの悪条件の中で、信頼に基づいた「乗り合い」行動がきちっと維持されている。

筆者も同様な経験を渡米中にした。ダウンタウンから郊外の自宅に帰るためにタクシーを利用しているとき、先を重い買物袋をぶら下げた老人が歩いているのを見た運転手が「乗せていいか」と聞いてきたのにはびっくりした。当然同意したものの、これだって、新手の強盗の可能性は無きにしもあらずなのだが、五分ほど走ったところで、「ありがとう」といって老人はタクシーを降りた。あとに残された筆者も運転手も、さわやかで満ち足りた気持ちになれた。ちょっとした「思いやり」は、受けた人より与えた人に、もっと余計な満足を与えるものらしい。

ケーキの分割ゲームというものがある。二人の人間の一方がケーキを二つに分割したら、もう一方が分割したケーキのうちいずれかを先に選択できるゲームだ。経済学者によれば「限りなく独り占め」に近いケーキの分割をすることが「より合理的」ということだが、実験によれば「等分」にケーキを分割する人のほうがより一般的だという報告が多い。実験のほうが経済学者の予想よりも現実に近いということだろう。そもそも、このゲームが成立するのも、ルールに対して各プレイヤーが相手を「信頼」しているからだろうし、長期的な考え方を優先して振る舞う傾向が強いからだろう。経済学者が答えを模索するとき、善意を前提としたコミュニケーションも「信頼」もなく、お互いに対して、「出し抜く」「不信感」のキーワードがまず先立つのかもしれない。「利己心」前提の経済学者の考え方は非常にゆがんだ社会観といっていい。科学が予測可能性を重要な役割とするなら、まさしく先の経済学者の「起合理性」仮説は論外ということになるだろう。

付き合い方のルール

ところで、思いやりや信頼に基づく「お付き合い」は、なにも住民同士の関係にとどまりはしない。住民と行政との間にも同様の関係が必要とされている。筆者たちが多摩ニュータウンの住民に配布して回収したアンケート調査『住み心地のいい「まち」をめざして』を、少し援用する。

多摩市の住民二千人にアンケート用紙を配布し、即日四百ぐらいの回答があった。ご多聞にもれず、典型的な郊外都市で、若い世代が都心へ移動する例が多く、高齢化が進みつつあるので、お年寄りの回答が多い。自由解答欄にびっしり「現在の不満」と「将来の不安」を書き連ねたアンケートをいただいたとき、思わずこの意識調査の重大性に足がすくむ思いをした。そこで印象的だった回答を少し紹介する。

まず、多摩近辺に住み続けることを大半の回答者は望んでいるのだが、その割合は六七・九％にもなる。都心から優に一時間は通勤にかかる郊外にかかわらずである。これには少々驚いた。居住環境としては及第点をつけることができるということだろうか。しかし、不満がないわけではない。「住み続けるために必要な条件」として、まさに子育て真っ最中の二〇代三〇代の人たちなら、「子育て支援サービスの充実」、定年を迎えて第二の人生を模索している六〇歳以上の人たちなら、「医療・健康維持施設などの充実」「学習・自己啓発サービスの充実」「バリアフリーの充実」を望む声が圧倒的に多い。

以上のことから、世代によってかなり定住を決心するための条件が違うことがわかるが、これを全部行政がやるわけにはいかない。それだけの財源も人手も持ち合わせていないからだ。ともかく行政が動けば「将来は何とかなるだろう」という希望的観測を持ち続けることがどんなに困難かは、バブル崩壊後、日本国民全員が認めていることだ。とすれば、自分たちで何とか工夫してやっていこう、あるいは行政と手を携えていこう、という機運が生まれてきても、何の違和感もない。とくに、開発当局が国・公団や東京都だったりする多摩ニュータウンでは、地元の行政の役割はそんなに目立って大きくはなかったことも原因だろう。ずっと住み続けたいと思う人たちで専門的知識や経験を持ち寄ってNPOを結成し行動することが多摩地域では多いのは、当然かもしれない。

住民同士で何とかやりくりをして、子育てに付きまとう困難を克服しようとする。起伏の大きい坂道が多い多摩ニュータウンで、歩行が困難になったご老人たちに近所の健常老人が買物を代行する、あるいは車の運転代行をすることが求められている。これらのことは、常日頃のコミュニケーションがちゃんと成立していれば「ええ、いいですよ」のひと言で済む場合も多いだろう。ところが、「顔の見える、声の聞こえる」「ご近所付き合い」が存在しない地域の場合はどうだろうか。近年は、共働きが増えたりで主婦層が余裕のある時間を過ごせなくなり、週休二日制を活用して地域のことに取り組もうとしてきた中年層も残業残業でクタクタになり、「他人様《ひと》のことより」という状況になる。とくに職住近接が例外でしかない郊外に住まう住民たちには、この「やりくりしあう」状況を作り出すことがどんなに大変か。だから自治会の役員など迷惑だからと、加入しない世帯も出てくることになる。多摩ニュータウンの調査では、「地域活動やボランティア」に参加したことがないと答えた人は、男性で五一・四%、女性で四〇・九%にも上っている。しかも、年齢が若い層ほど男性も女性もその割合が高くなる。ここに、ある地域に限定した互助を目的としたNPOが生まれるのは、必然であろう。

ところで、ＮＰＯはどんな社会的ニーズにも応えられる「打出の小槌」でも何でもない。そしていつ何時、活動が停止されるリスクも抱えた存在でもある。発注先と業者という関係ではない行政とＮＰＯとの「付き合い方のルール作り」が、今、最も求められているような気がする。あるいはＮＰＯと住民との同種のルール作りもそうかもしれない。この問題については第五章で詳述する。

ネットワークのありがたさ

コミュニティの活動に主眼を置いたＮＰＯなどでも、時間に追われるようにして生活をしている立ち上げメンバーが多いのだが、ＮＰＯ立ち上げに関わる作業が電子メールでどれだけ軽減されたか。情報共有、意見の交換そして最も重要な会議の告知などに電子メールがどんなに効力を発揮したかわからない。ある種のコミュニティネットワークの形成に対して電子メールが果たした役割は否定のしようもない。しかし、重要な会議はやはり「顔と顔を突き合わせ」ないと無理なのだ。あるいは、電話などのアナログも効力があった。つまり、電子メールなどのデジタルなコミュニケーションと、対面や電話などのアナログなコミュニケーションは双方必要なのだ。どちらかというと、とくにＮＰＯの組織的リーダーのメッセージについては、アナログなコミュニケーションが果たす役割の大きさに今更ながら驚いている。よくデジタルなコミュニケーションは「双方向性」があるというが、「同期性あるいは同時性」がない分、あるいは同期生を持ったコミュニケーションを前提としない分、一度送信すると即座に訂正や調整が働くことができない分、対面や電話に劣っていると考えていいのではないだろうか。これは、アナログ世代の繰言であろうか。いや、そうではない。電子メールでのコミュニケーションでは本人は気づかない場合が多いのだが「一方通行」的要素がかなりある気がしてならない。読者諸兄はどう思うだろうか。

デジタルなコミュニケーションの便利さ、経済性を利用しない手はない。とくに多摩ニュータウンでは家庭のパソコンの普及率は九〇％をとうに超えている。若者や主婦層を中心に携帯電話での普及も考慮に入れたら、ほとんど一〇〇％に近い。ただし、長いメールは携帯電話では少し無理があるから、筆者の世代ではやはりパソコン利用の電子メールが重宝だろう。電子メールの交換履歴を追跡することができることも優れた点だ。ただし公開可能なメーリングリストが存在する場合である。

NPOを立ち上げたとき飛び交った電子メールをつぶさに調べた研究がある。アルバート＝ラズロ・バラバシの『新ネットワーク思考』をはじめこの種の研究はたくさんあるのだが、共通している研究結果を紹介しよう。

コミュニケーションの中心（これをネットワークの「ハブ」という）をなすキーパーソンが、自然発生的というより、そのときどきの最もホットな相談事の移り変わりで生まれてくる。あるいははじめからそういった人がいて、それがメールの交換パターンに少数ではあるが明確に現れてくる。もちろん、課題に対する専門性をめぐってキーパーソンは移ることもあるし、そのままの場合もあるが、受発信は右側にすその長い（ロングテール）度数分布を描くことになる。つまり「頻繁にメールする少数のグループ」と「たまにしかメールを出さない圧倒的に多くの人」で構成される分布である。発信頻度とメッセージの有用性とは必ずしも比例関係にない。

しかし、有用な、あるいは注目を呼ぶメッセージが現れると、そちらにコミュニケーションの内容が移り、新しい中心（ハブ）が誕生する場合も間々ある。また、もっと多様でもっと強力な活動の必要性から、ネットワークの新しい回路が現れたりする。これを「リワイヤリング」と呼ぶ場合があり、伝達効率やネットワーク全体のパワーが向上したりする。議論の進化過程がメンバー間で共有できるところ、安価に中身を蓄積できるところに電子メールのよさがあるのではないだろうか。

電子メールに代表されるデジタルなコミュニケーションと、対面や電話などのアナログなコミュニケーションのベストミックスにこそ、コミュニティネットワークのあるべき形が見えてくる。電子メールという一見クールなメディアで、「激烈で冷酷」な論争が開始される場合がある。時には「なにもそこまで」という論争が展開され、当初は発言したり、あるいは傍観していた人たちも、そのうちいい加減辟易して、ネットワークから静かに退場する場合が多いのだ。体面だったらここまでは、というストッパーがかからないのだ。クールダウンするためのきっかけが双方とも見えないから、「送信ボタン」を押したが最後、もう誰にも止められない。それも記録として残ってしまう。だから、告知を目的とした掲示板やおしゃべり程度に、電子メールなどは留めておくべきなのかもしれない。電子メールは「もっぱら読むだけ」、あるいはたまにしか開かないという「用心深い」友人もいる。

幸い、コミュニティネットワークは、空間的には狭い、あるいは限定されたものという認識がある。この点、アナログなコミュニケーションが活躍する場がずっと多いと思うのは、楽観的すぎるだろうか。アナログのよさを大いに活用してほしい気もする。

Teatime

「ヤマアラシのジレンマ」

「多摩ニュータウンは異質だ」という人が多い。それも他から訪れた人たちばかりでなく、ここに住んで十何年、ニュータウンの中だけで住み替えをしている人たちまで同じような感想を述べます。あたりの環境まで含めて十分満足している住民としては「そうですかねー」としかいいようがありません。もっとも、職住近接という恵まれた条件を満喫しているせいかもしれませんが、朝晩の一時間半の通勤地獄を経験している人にとって、家の周りを見渡しても「ほっと一息つく」場所がどこにもない、という人が多いのです。電車に乗る人たちの群れを見ても「同年代」の二つの集団しかいません。すなわち、団塊の世代前後とそのジュニアたちです。それ以外の層は「ほんの一握り」。朝晩の通勤時間帯で「おはようございます」「こんばんは」という軽い挨拶をかわすことは「たまに」はありますが、それも「ほんの一握りの人たち」とだけです。同質世代だけが住まう空間は、時代の変化に対して「総体的にもろい」のです。多摩ニュータウンを設計し、この東京西郊に実現させた住宅都市整備公団も東京都も「見た目の素晴らしさ」にこだわりました。

「住環境にこだわりました」。しかし、「生活すること」「働くこと」という観点がすっぽりと抜け落ちていました。だから、通勤地獄も、機能的すぎて映画のセットのような味気なさも、家族以外砂のようにばらばらでコミュニティとはいえない団地も、一気に高齢化を迎えようとしている人口構成もニュータウンが誕生して四〇年になろうとしている今も解消されないままです。

私の住む住宅地の自治会は総戸数二四〇世帯で構成されています。平均一〇戸でブロックが構成されています。一〇年ごとに一巡してまたブロック長が回ってきたと思ったら、今度は執行部の仕事を任されることになりました。ここに移り住んでもう少しで二〇年目を迎えます。さて、梅雨のさなかの日曜日、年二回恒例の「草取り」が始まりました。この作業には各戸一名から二名の動員を要請されますが、各ブロックの作業は長さ二〇メートルぐらいの街路と街路樹の周りの草取りですから、作業は小一時間。あと三〇分は自治会から配給される缶ジュースを飲みながらの「井戸端会議」と相成ります。何年か前までは缶ビールも出ましたが、今はジュースだけ。何か味気ない。

ところで、この「井戸端会議」は非常に重要です。つまり、日常「顔をつき合わせていない人同士の自己紹介と顔見知りになるきっかけ」を提供する、またとないチャンスだからです。地価の全般的な下落で都心近くの一戸建てやマンションが値下がりしているので、引越しを決定した人の次の住まいや売値が話題になりますし、今度どんな人が持ち主になるのかとか、「顔が見える地域作り」への地ならしが始まります。この「顔が見える」という関係が、「ウチのヒトとヨソのヒト」を見分けることにつながるため、自治会にとっても、防犯と防災の「スクラム作りと補強」の機会にもなります。

不況の長期化で「空き巣やピッキング」などの犯罪が、この住宅地でも増えています。その原因は、子育てが終わり、ご主人どころか子供たちも都心の勤務先や大学に通いだし、一人ぽつんと取り残される形の主婦たちも、「それでは」とカルチャーセンターへス

多摩ニュータウン南大沢地区

ポーツジムへ、ご主人の稼ぎを少し穴埋めするためのパートへと跳びだして行きます。だから昼間は、リタイアしたご主人やその連れ合い、三世代同居のご老人だけのひっそりした住宅街と相成ります。泥棒ビジネスの格好の場所がこうして作られてゆきます。

　まだあります。いつくるかわからない天変地異です。もし直下型の大地震でも起こったりして、家屋の倒壊や火災が起こったりしたとき、ご近所の人の手助けや救助、それに一晩ぐらいの宿舎提供なども考えなければなりません。それがいとも簡単にできるのは、「顔の見えるご近所」があったればこそです。

　しかし、この「顔が見える付き合い」は、口でいうほど簡単ではありません。例えば多摩ニュータウンの分譲型集合住宅は、「一戸建て感覚」を売り物にした設計が大半です。それは住民誰もが、あまり「濃い付き合い」を望んでいなかったからです。「濃い付き合い」は一度こじれだしたら、どちらかが出て行きたくなるような気まずい雰囲気があたりを覆ってしまう可能性が非常に高いからでしょう。昔の共同体のような「タテ社会の秩序」などはないから、「横並び社会」特有の玉突き現象が止めどもなく続いてしまいます。気をつけて「付き合いの距離」を計算していてもこの通りなのです。地縁血縁のない社会では、子供同士の付き合いやPTAなどを通じた「機能的付き合い」が主となります。だから、気に入らなければいつでも解消できる付き合いや、わざわざ空間距離を考慮しながらの趣味や実益のサークルへの参加が一般的になります。その点ニュータウンは移動に車が前提だから、空間距離のハンディはそれほど気になりません。それでも、私たちが前に住んでいた集合住宅では子供たちが成長するとともに、半数近くの家庭が一〇年ぐらいで入れ替わりました。

これを「ヤマアラシのジレンマ」という心理学者もいます。近づくとお互いに背中のとげで傷つけあうが、離れると心寂しくなることからです。痛さと寂しさとの二律背反が多摩ニュータウンの居住を悩ましいものにします。だから地縁血縁がないから後腐れもなく、子供の成長など「家庭の事情」で、都心やニュータウンのほかの新築などにいとも簡単に引っ越して行きます。ニュータウンの中心に位置して最も早く開発が進んだ多摩市では、ひところ入ってくる人たちより出て行く人が多くなっていたのです。出て行く人は比較的若い人たちです。だから年々平均年齢が高くなって、高齢化率は多摩地域でダントツのトップです。

「草取り」作業に汗している人たちを見るとほとんど私と同い年の中年男性、あるいは家内と同い年の中年女性です。この年齢的に同質な住宅地など「驚きを通り越した存在」と思うのは私だけでしょうか。都心に通うサラリーマンが圧倒的だから、ある日都心通勤者はいっせいに年金通勤者に「早変わり」します。そしていっせいに介護保険のお世話になる近未来を迎えます。そうかといって、二世代住宅に立て替えするには金銭的負担がかかりすぎます。子供たちはこぞって都心を願望します。「いたずらに歳を取ってゆくのもしゃくにさわる。子に頼らず若い頃から積んできたキャリアを活かして経済活動を」と考えてもおかしくありません。人生八〇年時代、残された二〇年余りを「生涯現役」で頑張ってみたいという意気込みに乾杯したいのです。その意気込みにパソコン技術を多用してのSOHOやサテライトオフィスの基盤作りで応える「コミュニティビジネス」の起業時期にきているようです。また皆揃って、「社長様」にくら替えするのでしょうか。

コモンズとNPO

「個人」が活動する公と私の二つの空間が溶融してきている。世間というパブリックな空間とプライベートな空間の区別がつかなくなってきているからか。それは明治以降、日本人が「公と私」を「官と民」と混同したからか。あるいは、明治政府が意図的に「民は官に由らしむべし」という統治システムを完璧なまでに作り上げたせいか。

本来、公（パブリック、おおやけ）とは、官と民が共同してあるいは分担して作り上げる、誰にも開かれた活動空間や時間で構成される。あるいは民自身が私の領域を削って作り上げた「自発的な空間や時間」あるいは「コモンズ」といってもいい。だから、昔から入会地もあり、鎮守様もあったし、里山の管理や河川の補修、寺社普請もあった。

しかし、「公とは官なり」という定式化をしたときから中央集権が始まり、大きな政府への道が始まった。幕藩体制下にも認められていた村落や町内共同体を前提にした「公とは自治なり」という定式化を否定しなければ、中央集権的な近代国家を明治政府は樹立できなかった。時代背景からして、それはそれで納得がいく。

あるいは、欧米でも同様な傾向が指摘される。古くはアレクシス・ド・トクヴィルが『アメリカのデモクラシー』で、あるいは一九七〇年代に気鋭の社会学者リチャード・セネットが『公共性の喪失』で述べたように、産業革命以降に家族中心の市民社会が成立し、「公的生活」の領域を「私的生活」の領域がどんどん追い詰めたからだろうか。

注意すべきなのは、彼らが指摘した傾向と官が占有しようとする領域の拡大とは、何ら矛盾はしないということだ。需要側の増大に合わせて、供給側も大きくなれる。だから公徳心のかけらもない「私中心主義」の一団とその予備軍の繁茂は、公の領域を狭めはしないし、私の領域を拡大させる。だから「公とは官なり」の定式化を粉砕するきっかけにはならないし、「小さな政府」への舵切りのきっかけにもならない。

しかし、民が情報にアクセスする能力を格段に高めたICT技術の進歩、移動する力を格段に高めた交通網の発達には、著しいものがある。財政が不如意の時代、民が公を機能させる能力を格段につけてきているのだから、官から民への再度のアウトソース、つまり「公と民とが一緒に作業」することも含めて「公の一部を民に任せること」は、今後着実に進めることは可能だ。

「公とは官なり」の定式化を粉砕する一つの有効な手段として、NPOやNGO活動が当てはまる。従来のボランティアとは違い、私的動機だけではない高い公的使命を掲げ、その組織力によって事業の継続性や質的水準の維持に努めると同時に、市場原理の下での収益性を追求する営利事業とは一線を画するという点で地域の至る所で注目され、組織されつつある。

ところで、多摩ニュータウンでNPOの代表者に面接調査した結果からすると、地方自治体からの補助金や事業委託を当てにしているNPO、つまり「自立できていないNPO」が圧倒的に多いことがわかる。この傾向は、第五章で論ずるコミュニティビジネスでも同様の状況にある。

その上「指定管理者制度」に代表されるように、自治体もNPOを「民間よりも安い下請け業者」という存在で取り扱う場合が多い。だからNPOと自治体の間には、「雇用主と雇用者」の関係にとどまり、残念ながらイコールパートナーとしての信頼も生まれないし、人・物・金が不如意なNPO側では独立独歩の矜持《きょうじ》のかけらも出てこないという場合も多い。これは、自治体にとって「都合のいい」状況かもしれない。財政的に逼迫《ひっぱく》を続ける官にとって、住民たちの要望を処理する場合に、NPOが便利な緩衝財の役目を果たし、同時に比較的安価なアウトソース先となる。この現状が続く限りNPOの自立は困難だし、自治体にも育成は期待できない。

これでは、全国で認証法人が三万八千を超え、ひところの勢いはなくなったがまだまだ必要とされ増え続けるＮＰＯに、「約束の時」が永遠に訪れはしない。そして相変わらず、公的領域を官の領域と勘違いし「大きな政府」を要求し続ける住民と、財政負担に悲鳴を上げ続ける自治体との「埋まらない溝」は深くなるだけだ。ケインズが『一般理論』の末尾で述べたように、怖いのは根を張った既得権益ではなく、人々の「一向に改まらない古い思い込み」なのだ。

なぜＮＰＯ

一九九九年に特定非営利活動促進法（ＮＰＯ法）が施行された。それから四年経過した二〇〇三年二月にＮＰＯ法人は一万を超えた。二〇〇九年現在、月平均で二百団体ぐらい増加している。

当初、その対象分野は一一の活動（①保険・医療・福祉の増進、②社会教育の推進、③まちづくりの推進、④学術・文化・芸術・スポーツの振興、⑤環境の保全、⑥災害救援、⑦地域安全、⑧人権擁護・平和推進、⑨国際協力、⑩男女共同参画社会の形成、⑪子供の健全育成）に限定されていたが、二〇〇三年に改正されたＮＰＯ法で六分野（⑫情報化社会の発展、⑬科学技術の振興、⑭経済活動の活性化、⑮職業能力開発・雇用機会拡充、⑯消費者保護、⑰上記の活動の中間支援）が追加され一七の活動となった。対象となる活動分野の拡大で、社会活動の大半が含まれることになった。これは、ＮＰＯに対する関心や期待が社会的に増大していることによる。また、設立に伴う諸条件が他の組織団体に比較して緩いことから、組織設立の動きが止まらないともいえる。そのうち①、②、③、⑪、⑰が突出して多い（図５参照）。

図５：分野別ＮＰＯ構成数（本文の①はグラフの①に対応する）

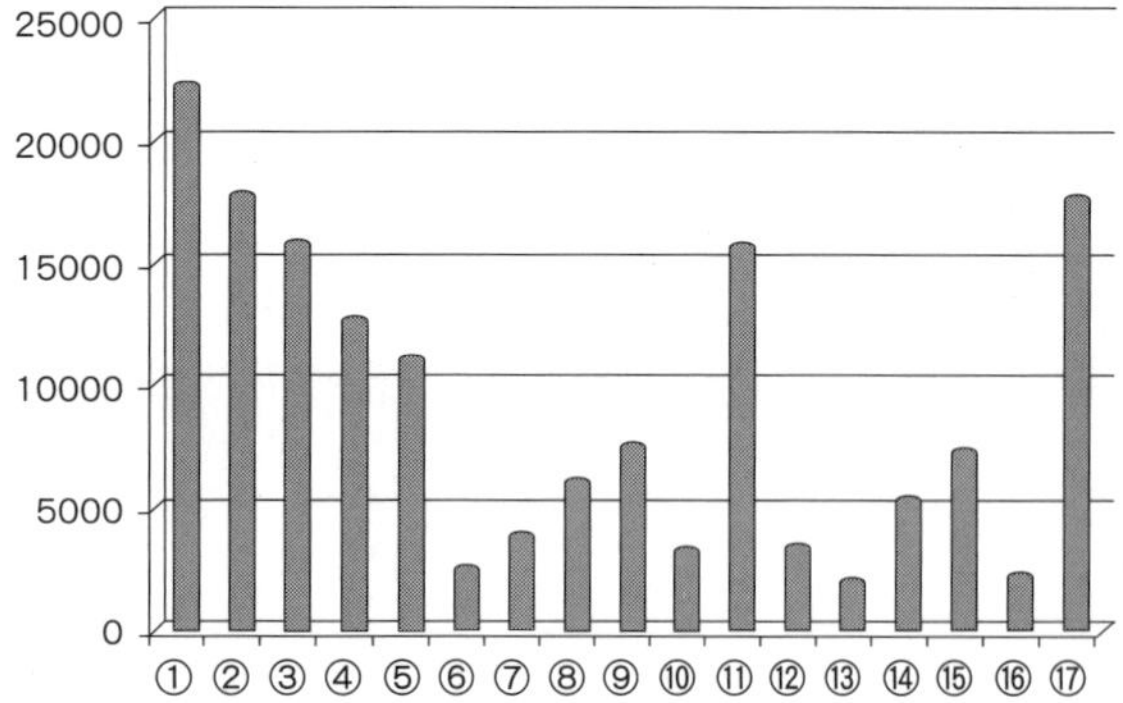

図６：ＮＰＯの月別新規受理数

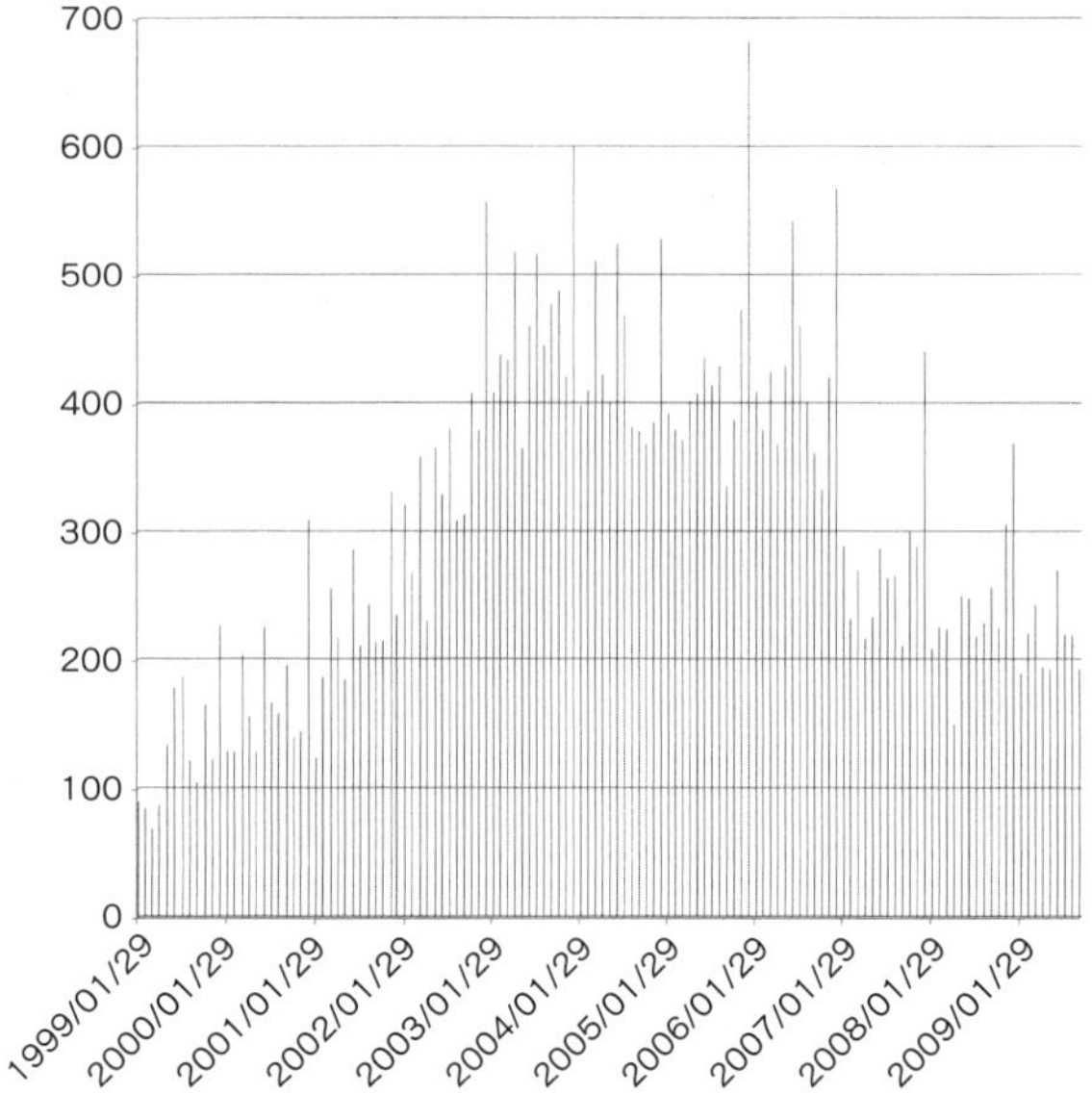

このように、ＮＰＯをめぐるトピックスは多いが、図６で月別の設立数を見ると、二〇〇四年から二〇〇六年頃にピークを迎えている。また、人・物・金のいずれかの問題を抱えて呻吟しているＮＰＯも多い。ＮＰＯの設立に携わった経験や多摩地域のＮＰＯを対象とした調査を踏まえて、ＮＰＯの抱える問題点と今後の展望を若干述べてみたい。

ＮＰＯは補完的存在

一般的に、ＮＰＯの役割は政府が埋めえない社会的ニーズの隙間を埋めることだという「補完的存在」の考え方が主流である。日本のように中央地方を問わず政府に対して依存心の強い風土においては、ぴったりの考え方かもしれない。日本を問わず戦後社会の歩みの中でどこでも政府の役割は大きくなっていった。税負担よりも恩恵が大きいという「財政錯覚」（「大きな政府」で納税以上の給付が実現すると思い込むこと）が一般化するにしたがって、民主主義システムでは大きな政府が選択されてきた。右上がりの経済においては、次世代に負担を強いることになってもインフレによる調整でその負担が現世代の享受する恩恵以上にはならないという命題が信じ込まれたし、辻褄もそれで合っていた。けれども、この一見もっともらしい命題は右肩下がりの時代に馬脚を露《あらわ》し、小さな政府への切り替えを有権者や財政当局に強いる結果となった。税負担に耐えられない有権者は、当然小さな政府を中央でも地方でも選択する。しかし、少子化と高齢化の波は依存心の大きな国民に大きな政府をむしろ必要とさせることになった。ここに、新しい工夫が必要になってくる。「みんなで支え合い、解決すべき問題が存在する領域＝公領域」のことに関して、今までのように政府にすべて依存することはできない。とすれば、市民（個人や企業人も含め）が公領域に対して今一歩踏み込んでいかなければならない。ところで、市民が公領域に踏み込むとはどのような意味合いでかというと、個人のボランティアや、企業の社会貢献が代表的である。しかし、個人のボランティアに対してどれだけ依存していいか、どれだけ信頼性が置けるのか心もとない要因もある。また企業のメセナも企業業績の不安定性に左右される。ここにＮＰＯの存在意義が生まれてくる。つまり、個人ではなく組織としての使命感と意志をしっかり持ち、企業のように市場に依存した利益追求あるいは、株式市場での評価のみに汲々《きゅうきゅう》とするのではなく、政府のように公平性や均一性に束縛されることのない、迅速で縦横無尽かつ弾力的対応の可能な活動主体として真に機能することで、ようやくＮＰＯの社会的認知は確立することになる。

コストとメリット

ところが、政府が独占的に担ってきた公領域の隙間を埋めるべくして誕生したＮＰＯに対する政府の評価も認識も、実に低くて甘い。ＮＰＯと直接対応することの多い自治体を例に取ろう。前に触れたように、ＮＰＯを一種の下請け業者、安価な業者という位置づけで対応してくる自治体があまりにも多い。「下請け仕事」をさせるから、自治体は時にはＮＰＯが独自活動をする場合の足かせにもなる。ＮＰＯがどのようなものかをようやく理解した担当者も、自治体の人事ローテーションで変わる。そのため、また最初から担当者にＮＰＯが何たるものかを教育しなければならない。このようなことの繰り返しで受ける調整コストは実に大きい。しかし、自治体総体でＮＰＯに対して理解が進めば、積極的に協力してくることもあながちないわけではない。ＮＰＯに対する認識が担当者に高まれば、自治体も安心して事業の委託も検討するようになる。八王子市には、公共施設の管理をＮＰＯが請け負うことで大幅に行政コストが低下した事業がある。重要なのは、ＮＰＯ活動を通じて利用する市民の中に「我々の施設」意識が芽生える可能性が大きいことだ。

また、ＮＰＯ法人格取得で責任の所在が明確になり、官民問わず契約関係が円滑化する。とくに法人からの寄付行為や事業委託契約は容易になる。また、ＮＰＯ法人格を取ることで、人材投入などの支援体制を改善することが期待できる。しかし、事務コストが上昇することも確かであるし、法人格の取得によって、助成金の対象外になることもありうる。これは「縦割り行政」の弊害に起因する。政府に代わって公領域を市民が担うわけであるから、「公益活動」としての優遇がもっとあってよい。例えば、事業収入や寄付等に対して、税制上の優遇が今以上に必要ではないか。米国のＢＩＤ（業務を誘致するために地域の環境を改善しようという活動が政府によって認定された地域）のように官（例えばＮＹ市）民（業務改善地区をマネージするＮＰＯ）のパートナーシップで、荒廃した業務地域の安全や衛生や知名度を改善し、その固定資産価値の上昇分の幾分かを固定資産税の一定比率として市から徴収してもらい活動の原資とするという仕組みも存在する。

このようなパートナーシップを築けない限り、ＮＰＯの安定した事業の継続性は望みえない。ただし、その関係は長期的契約関係にする必要はない。常に新規参入の可能性を保ち競争にさらすと同時に、業績評価をすることも必要である。それを怠っているとＮＰＯ活動の停滞やマンネリ、既得権益や癒着・腐敗がはびこることになる。この方面でのさらに深い洞察が必要だ。

政府との関係をある種の学習過程と位置づけて、市民自治やまちづくりなどに関して、政府とのパートナーシップで調査や実践活動をするＮＰＯがだんだん増えてきている。しかし図5のグラフで見たように、今あるＮＰＯの大半が保険・医療・福祉であり、社会教育関連であることから、政府との関係は「事業者と委託者」の関係でしかない場合が多い。とくに、補助金や下請け的な仕事の配分に依存する「対政府関係」は、一方で依存心を生み、他方で不信感を募らせる。制度（あるいは法規）と裁量の二つの側面を持つ政府活動にとって、裁量の働く余地は思った以上に大きい。さらにその裁量は「人的要因」に左右されやすい。評価基準があいまいになる可能性が大きいことから、政府の対応の仕方に多少の不満があったりしても「けんかをしない」「先に折れる」というＮＰＯが多い。これでは、両者は必ずしも対等な関係を構築できないし、行政マンの質を向上させる一助にもならない。だから、どのような関係を築くべきかを考える必要がある。これはＮＰＯ側にとっても無関係のことではない。自らの重要なこととして、行政側と十分に協議すべきではないか。

ＮＰＯの本質は組織

NPOの良し悪しは組織で決まる。NPOが継続性に優れた機能集団になるには、マネジメント能力に優れた人が必要不可欠である。使命が立派なら、その他は目をつぶるという意識がないわけではない。ボランティア活動とNPO活動の違いもわからないのが世間一般の認識である。しかし、NPOは使命の大きさに比して経済的報酬はあまりにも少ない。しかも、経済的報酬が少なくてよいと当事者も納得する場合が多い。経済的インセンティブは事業の継続性や人材を呼び込むためには必要不可欠のものである。単なるボランティア精神だけで長期的に組織を維持することなど不可能だ。確かに、過分な報酬は必要ないかもしれない。NPOに中心的に携わる人も、その仕事に永続的に携わってゆくかどうかも不確定だ。しかしNPOで生計を立てていかなければならない場合も多い。現在のように金銭的な意味で自己犠牲を強いる状況を甘受することは、逆の意味で有能な人材への「新規参入障壁」を形成することにもなる。

経済的な不安定性からも、自治体の姿勢の不連続性からもNPOの継続性は保証されない可能性は高い。このような状態では、次善の策としてNPOの「多産多死」を現実のものと受け止めて、容易に「多産＝多くの新規参入」が可能となるような制度的仕組み作りが必要だ。現在、審査に最長四カ月、認証から届出まで最長一カ月であり、以前よりはかなり短期間に手続きができるようになっているが、手続き書類の簡略化がもっと必要だ。

ところで、時間的にもNPOの中心的人材は種々の制約が付きまとうため、通常の仕事と両立できる人が少ない。肉体的にも時間的制約面からも「新規参入障壁」は高いといえる。主婦や現役を退いたサラリーマンシニアや自営業や経営者や自由業の人たちとは違い、いくらマネジメント能力や専門知識に十分な人材でも現役として組織で定時勤務する人たちは、週日に中心的な役割をNPOで果たすことなどできない。したがって、NPOに携わる人的構成がある種融通のきく人々（女性中心、リタイア組などが中心）に偏ってしまう。

この面では、勤務先の理解に基づく時間の勤務体制のフレックス化やワークシェアリングの普及がもっと進む必要がある。むしろ、企業をはじめ組合などの組織で、重要な社会貢献としてメセナ事業のほかに勤務時間の大幅短縮や弾力化を採用できないだろうか。さらに、学校教育でNPOの重要性を指導してゆくことで、社会的意義を幼いときから植えつける必要もある。ボランティアを円滑に供給する体制は、労働市場の将来性と経済的インセンティブの確保で可能となる。

また、施設等のハード面でも、大半のNPOは苦労している。人が集まりやすい立地場所を必要としているし、報酬の形態も考慮する必要がある。例えば、地域通貨のような報酬形態を取るとか、その地域通貨で地域の商店街の限られた商品（例として、書籍や日用品など）が購入できるというような工夫も必要である。しかし、最も重要なのは、地域通貨が円滑に流通するための信用保証である。その面での自治体の協力的バックアップやパートナーシップが強く望まれる。

ところで、今活動しているNPOのほとんどが「創業者」であるためか、ある種のカリスマ性を持っている場合が多い。しかしNPO活動の性格上、報酬が高くないことから経済的インセンティブが働きにくいし、ボランティアとの区別がつきにくく、大半のNPOでは「後継問題」は組織の根本をなすミッションの検討も含めて重要課題である。

創業者やリーダーは、高い使命感や知名度が報酬水準を補って余りあるものかもしれないが、その他の構成員にとって、アルバイトの域を出ないのであれば、長い期間に士気、やる気の低下を招く可能性はなきにしもあらずだ。被扶養権を持つ主婦層のように、現在の税制上の制約から、ある水準以上の経済的報酬を必要としない場合を除き、NPO活動で生活と使命を両立させようという志の高い新しいアイディアややる気のある若者を十分に引きつけるという保証はない。これは困った問題だ。

後継問題もそうだが、日々の生活においてもある一定程度の収益水準を維持してゆくことが、雇用条件の安定性にはぜひとも必要である。ボランティアがなぜ一時的かといえば、それは「生活がかかってはいない」一時的な活動であるからだ。NPO活動は継続性を重要な用件とする点でボランティア活動と根本的に異なる。この重要な点を明確に意識しているNPO関係者が少ないのだから、ましてNPOに直接携わらない人たちに「ボランティアとNPOとの区別を明確にせよ」と迫っても無理な話だ。この区別の説明に失敗すると、NPO自身の信用問題にまで発展すると考えてよい。

横の連携が組める組織作り

世代間の交流を通じて後継問題を解決すると同時に、社会の動きに対する感度を向上させ、活動によって獲得したノウハウについて情報交換を密にすることも必要だ。ともすると使命感の高さから「夜郎自大」になり、自閉症的な傾向を持つ可能性がなきにしもあらずだ。そこで、NPOは努めて他の組織（大学、企業、政府等）との連携を考えてゆく必要がある。また、初等教育の段階からNPOを理解し、育てることの重要性を伝える体制を作ることも重要だ。しかし、限られた人員でNPOとしての日常業務をこなす現況で、どれだけこの理想ともいえる姿勢が貫けるだろうか。

この面では、HPの作成や電子メールなどICTを介した問題解決など情報ネットワークの活用が非常に有効になるだろう。もっとも、情報ネットワークで重要なのは、コンテンツであり、流れ方である。「情報が権力や経済力を含め、ある種のパワーを維持する重要な手段」であることは、古今東西の真実である。したがって、相対する当事者双方に存在する「情報の非対称性」を悪用して、カウンターパートに対してある種の権力をふるいたいと願う主体は、目くらましに大量の情報、重要でない情報、時代遅れの情報を混在させて提供する場合がある。情報撹乱をねらうときに使う常套手段でもある。これで情報についての信頼性も低下する。とすれば、情報への目利きの教育が、ぜひとも必要になる。情報の山の中から、宝物を探し当てるような試行錯誤（データマイニング）が必要かもしれないが、それを効率的に評価し処理するノウハウや理論を教育することの意味は、実に大きい。

NPOにとって、政府や一般市民との間に情報を共有し理解の輪を広げること、つまり横断的連携がパワーアップにつながる。NPOは本質的に地域やコミュニティに根ざしたものである。そのためには、政府やコミュニティに対しても、NPOの内部組織に対しても、適切なタイミングで積極的な情報開示が重要となる。人的にも時間的にも限定された余力しか持っていない大半のNPOにとって、ICTは情報蓄積と情報流通のための活用の余地も効果も大きいのだが、それだけでは不十分だ。NPO内部でも外部に対しても相互信頼のネットワークを確立しなければ、NPOは多様な主体や組織の間で有効なパートナーシップを築けないし、真の力も発揮できはしない。改めて、アナログのコミュニケーションを活用しての横断型連携の促進の重要性を指摘したい。

NPOは「か弱い存在」であることをまず自覚しなければならない。政府もコミュニティもNPO固有の脆弱性を十分認識して、育てる努力、新規参入を促進する努力が必要である。しかし、コミュニティや政府が単に相手を利用するだけのフリーライダーとして振る舞う限り、NPO活動の成果を継続的に享受することはできない。むしろ、NPOの必要性を感じたならば、政府自らがその旗振り役や推進役や協力者になってゆくことが重要なのだ。それだけの心意気があってNPOの健全なる発展が約束されるといえよう。

NPOでビジネスモデル

さて、主なNPOが関与する最大の活動である福祉サービスの現状と課題を、簡単にサーベイしてみる。

加齢と出産に伴う障害の出現リスクは、「統計的に推計可能」である。しかし、このリスクという厄介な代物は、なかなか理解されない。例えば、高齢者が七〇歳以上になると身体障害や痴呆症などの知的障害のリスクが高まるし、出産に伴う遺伝的要素や医療事故によってもリスクが伴う。しかしリスクは確率的尺度だから、「必ず障害を持つ」という個体別の特定化や予測は非常に困難である。したがって、統計的な推定値しか今のところ把握できない。

厚生労働省『平成一八年身体障害児・者実態調査結果』の推計によれば、身体障害児（一八歳未満）は約一〇万人、身体障害者は約三六六万人、知的障害児は約一二万人、知的障害者は約五五万人、精神障害者は約三〇三万人で、成人が圧倒的多数を占める。

脱施設化を理論的に支える「ノーマライゼーション」（普通人も加齢や事故で不自由になることがあるのだから、障害を持つ、持たないで社会的空間を分ける意味はない）の考え方から、地域に根を下ろしたサービス、障害種別の縦割りでない相互乗り入れ方のサービス、市区町村単位主体のサービスが求められ、次第に整備されつつある。しかし、行政サービスだけで事足りるわけではない。

身体障害者への支援として要望されているのは、所得保障、医療費の軽減、移動やアクセスなどのインフラや住宅のバリアフリー整備が多い。また、知的障害者への支援は、地域など周囲の理解、いろいろな施設の利活用、ショートステイのほか、相談や指導、老後の保障、就業の場の確保があげられる。就業については、現在のところ、一般企業で法定雇用率一・八％を達成したのは全体の四二％で、半分に満たない。彼らが健常者と同じように社会での存在が認められ、活躍できる場の確保ができないのか、彼らの経済活動と報酬がある種の偏見によって不当にゆがめられていないかなどを監視する社会的仕組み作りが必要だ。

さまざまなところで指摘されている課題の解決をすべて「公的機関」にゆだねる客観的状況にない。少子高齢社会の課題解決という「巨大なニーズ」の存在が誰にも明らかなのに、なぜビジネスは積極的に参入し、柔軟性と多様性を武器に、魅力的なサービスビジネスとして展開できないのか。大量生産、大量消費とは違った標準化がしづらい、手間も神経も使う、収益以上にコストのかかる活動が大半だからだ。この種のビジネスモデルを作り上げるには、人材も資金もある程度行政の支援が必要だ。しかし支援は必要だが、行政はサービスの内容も、人材、資金、施設といった三大要素も、地域の実情に必ずしも通じているわけではない。その上、行政の自由裁量によって制限される措置制度の下では、十分なビジネスチャンスなど生まれるわけがない。だから構造改革特区を利用した措置制度の見直しによって、市場に福祉サービスの軸足が移ってくるというが、ビジネスとして成功した事例がどれだけ我々の手元にあるだろうか。「国家対市場」の枠組みを越えて、「社会的絆《きずな》」としてのNPO（コミュニティビジネスも含めて）の一層の出番が増えてくる。

理由を述べよう。一般に市場が用意できる課題解決手段は、需要者と供給者が「対等」であることを前提とする。そうでない場合は、一方が有利に、他方が不利にという非対称的な立場に取引が左右される結果に陥りやすい。そのような状況が発生しやすい場合、一般に需要者は、ライバルに声をかけるか、市場を立ち去る。大半の国民の衣食住がすでに物的にも情報面でも十分に満たされているからだ。しかし、福祉サービスで取引の立場に立たされた需要者は、供給者よりも専門的知識や情報の面でも、緊急性の面でも、経済的な面でも「圧倒的に不利」な立場に置かれている。公的な機関が供給者である場合も同様ではあるが、それでも、公的な供給では市場が用意する〝金の切れ目が縁の切れ目〟という情容赦ない解よりも幾分マイルドだ。もちろん、財政を圧迫させるという副作用の存在は否定しない。マクロ経済学の泰斗ロバート・バローがいうように「政府が直接事業を行えば、政治家は利益誘導で票を確保でき、公務員労組は高賃金と雇用を確保できる」という可能性を無視できないとしても、現実的には、市場に任せるよりは幾分マイルドな解決策を示すだろう。また、市場で対等にサービス供給者と向き合える裕福なグループの場合は、市場解でも十分だ。だから、一部の階層だけを「逆選抜」した福祉ビジネスも存在する。しかし、ここで想定する需要者の大半は、経済的・肉体的にそれほど恵まれていないどころか、むしろ下位に属する人たちが圧倒的だということを念頭に置かなければならない。

ところで、「市場解イコール高価」という図式は必ずしも成り立たない。無認可保育所でノウハウを積み、元気老人から介護老人まで含むケアホームを手頃な値段で供給する「株式会社」などのコミュニティビジネスも存在する。これは例外的なのだろうか、いや違う。その可能性については第五章でさらに検討する。

少子高齢化の進展で、日本はますます福祉サービスを必要とする。しかしそれを支えた家族も企業も、もはや余力を持ち合わせていない。最後のよりどころである国、地方とも財政再建に余念がないから、「無い袖は振れない」というそっけない様子が、若干の政治的パフォーマンスとも感じられる昨今の「事業仕分け」などから窺い知れる。

しかし、否応なく各種の福祉サービスの供給が国から県、そして市区町村に次第に移されつつある。供給先の地域的特性が違いすぎて一律の基準設定が不可能になってきているからだ。福祉サービスを国民に平等に与えるウェルフェア政策でナショナル・ミニマムが達成され、これからは、「各自がより自分らしく、意味のある人生をどう築き上げてゆくか」というウェル・ビーイング政策へと軸足が移ってゆく。各自がその持てる潜在能力をいかに発揮し、人生のキャリアパスを描いてゆくか、どのように自分を活性化させてゆくか、それを社会がいかに支援してゆくかが問われてくる。ハンディキャップの有無で区別されるべきではないし、性別でも年齢でも国籍でも区別されるべきではない。支援のあり方について日常の空間で各自が判断し、選択し、評価してゆけばよい。その過程を社会が支えてゆけばよい。

とすれば、コミュニティなどの地元生活空間から始まって、テーマコミュニティやICTを駆使したデジタルコミュニティでもいいが、時間、空間と価値観を共有できるコミュニティ・スペースが、ビジネスを呼び込む必須アイテムになるだろう。ヒューマンとデジタルの両ネットワークを利用して、コミュニティ自身が多種多様で標準化できる部分とできない部分を混合したビジネスモデルを作り上げるべきだ。標準化が困難な状況では、同時大量供給はできない。モータリゼーションへの環境面などからの反省も含めて、輸送コスト時間コストの点で、大規模一点集約も無理だ。そして支援やサービスに対する評判などが競争優位性を左右する。そのため、コスト削減を前提とした価格競争はある面で制限を受ける。これまでのビジネスモデルではなく、電子商取引などの「個対個」のマーケティングやＩＣＴによるシステム化が重視される福祉ビジネスモデルが、もっと必要になる。また、顧客限定的な、あるいは地域限定的な供給体制の整備も必要になる。コスト削減に限界があるとすれば、利潤の底上げは不可能だ。とすれば、ＮＰＯなどが主体となった私企業や自治体とのパートナーシップを前提とした福祉ビジネスモデルを構築することが、今まで以上に重要となってくる。

ＮＰＯが中心となって、企画と実践をもとに縦割り型の事業スキームを弾力化させる提案を行政にもっと提案すべきだし、行政はＮＰＯや私企業に対してサービスの質的水準の評価監視や資金的支援の制度保証をしなければならない。このようなパートナーシップこそが、「国家対市場」という時代遅れの図式を福祉の現場から拭い去る大きな力になって、日本の福祉サービス水準と将来有望な福祉関連の産業を、今以上に画期的なものにしてくれよう。

第五章

コミュニティビジネスの時代

コミュニティビジネスへの期待

バブル崩壊後にすさまじいリストラ旋風が日本列島を覆ったとき、企業をスピンアウトした人たちのうち、腕に自身のある技術者は仲間を募って「起業」した。筆者の住む多摩地域には一四万社の大中小の事業所があるが、その中の注目すべき技術専業企業のいくつかは、リストラを決行した大企業からのスピンアウト組が創業したものだ。「くやしさ」をバネに技術をみがき特許を取り、国内では無名であってもNASAなど外国の先端的機関と専属契約を結んで、限られた市場ではあっても世界で六、七割のシェアを維持し続けている猛者も多い。

ところで、行政や市場に依存できない隙間に内在する地域の課題に対して、地域の人々がビジネス手法を用いて「継続して」事業を行うコミュニティビジネスが社会的に注目されてから久しい。かといって、至る所で、爆発的に数が増えたかというとそうとはいえない。コミュニティビジネスをどう定義するかにもよるが、コミュニティ限定でサービスを主とするビジネス思考のNPOなども含めるとしても、どうも社会的認知も、ビジネス自体の迫力も技術系のスピンアウト組のケースと比較することができないぐらいに低い。これはなぜだろう。

少子高齢社会はコミュニティビジネスの社会的必要性をますます増大させている。地域ニーズを充足しようにも地方財政は火の車だし、相互扶助を担うべき地域社会の絆《きずな》もあちこちで分断されている。だから、コミュニティビジネスの必要性の増大と認知力や活動力の低さとのギャップをどう解消してゆくかは、地域社会の喫緊の課題でもある。

コミュニティビジネスの成立条件

NPOの発展系の一つとしてコミュニティビジネスを考えてみよう。

まず、その成立条件とは何か。「高齢化率の高い地域イコール若年層の人口比率が低い地域」という図式がすでに定着した。需要側である地方にはサービスを必要とする高齢者がいる。大家族主義の時代には、高齢者へのサービスは「家庭内」で供給された。ところが、共働き前提のこれからの小家族核家族時代では、誰もが家庭外にこれらのサービスをアウトソースせざるをえないから、潜在的ニーズの大きさに着目すべきだろう。需要が供給を上回る「希少性」のあるところにビジネスの種がある。

しかし、大量供給を可能にする標準化で利益を上げるというビジネスモデルは成立しがたい。需要が地域限定的、個別対応型だから、通常のビジネスモデルでの対応は困難を極める。先例は病院経営にすでに見られる。大病院イコール健全経営ではない。高齢化の進展で需要は着実に高まっているのに、生産性の高い若年層を中心とした供給側が手薄なのだ。若年層が都会から地方に容易に逆流しない。潜在的に「有望な地域」が多いのに、なぜ。価値観転換の「地域マグマ」もたまっているのに、なぜ。「人口は職を求めて移動する」というレイモンド・バーノンの仮説が「需要が顕在していても」成立しないのは、なぜ。

理由は、人口が減り続ける大半の地域で若者が「幸福感を味わう」ための社会生活環境が充実していないからだ。例えば、子供の教育も含めて、若者の求める娯楽や意識や生活様式などに対する自由度や寛容性が大都市に比較して圧倒的に低い。さらに、「高齢化率の高い地域イコール人口密度が低い、あるいは経済力も低下している地域」でもある。

大ベストセラー『クリエイティブクラスの世紀』の著者リチャード・フロリダは、クリエイティブな人間は「寛容な都市」に集中するという傾向法則を示した。サービス供給の輸送コストや情報コストは人口密度の高い地域に比べて圧倒的に高くなる。このハンディを公共交通や情報ネットワークの整備で克服する必要があるが、地方の不十分な財政力では、都会では当たり前の社会インフラも十分できはしない。街灯がついた生活道路も光ケーブルによる情報ネットワークも、自前ですべて整備する力は地方にはまだない。だから社会インフラの整備が完了しているのを前提とした既存のビジネスモデルが適用できないと、企業は進出に二の足を踏む状態が続く。例えば、光ファイバー網の整備率は二〇一〇年で全国の約九〇%をカバーした。ただし政令市や県庁所在地では約九四%だが、人口一〇万人以下の都市では約五九%ぐらいにとどまっている。

しかしこの状況は、全国型の強力なライバルがいないという意味で地域にとって創意工夫のチャンスである。地域の行政と住民とが一種の「コミュニティビジネス」型ＮＰＯを立ち上げるチャンスでもある。行政は活動拠点と若干の資金と信用を用意し、ＮＰＯに供与する。委託されたＮＰＯ

は人材を求め、「地域のニーズに合った」サービスを提供し、成果を行政から評価されたら、再契約の可能性も出てくる。「公設民営型」ＮＰＯによるコミュニティビジネスともいえる。もちろん、実践を通じた学習過程から標準化できるサービスは、早晩通常のビジネスに転換するだろう。また、行政単独で住民とのコラボレーションが不可能ならば、郵便局やコンビニとも提携して構わない。近くに大学があれば産官学の連携に持ち込むこともできる。

市場が用意する人口の首都圏一極集中は、「次善解」でしかない。次章で検討するように、人口減少に拍車をかける可能性が大きいからだ。経済論理だけで構成される「絶対的優位性」は、全体システムで評価すれば、脆弱な基盤の上に咲くあだ花だ。首都圏対その他地域、若年世代対中高年世代といった「ある種の対立図式」に単純化して語る時代ではない。ビジネスだけではなくどのような社会集団も、ある側面では対立しあっても、別の側面で相互補完しあう関係性を必要としている。若者特有の新しいアイディアや試みに十分な寛容性があれば、柔軟な発想と潜在的ニーズがうまくマッチすれば、若年層の地方分散という形にいつでも転換する。その価値観転換のマグマは、すでに地表すれすれにまで上ってきている。現実主義者は、以上の予想（あるいは願望）が実現しそうもないと主張し続けるかもしれないが、実現するように仕向ける政策を求めている人々は意外と多い。これは地域主権の大きな課題である。

団塊世代の活力

一九四七－四九年に生まれた団塊の世代は八百万人強である。もう、ほとんどが定年を迎えている。この世代は、高度経済成長の果実を受け取る「最後の世代」であると同時に、第二の経済生活をどうデザインするかを真剣に考え出す時期を迎えている。おそらく、全体の六割強は「昨日までの職場」と何らかのつながりで年金需給までのつなぎを考えるだろう。一割強は巣立った故郷に帰り、財産管理や親の面倒を見ることになろう。すると、残りの三割が地域での生業を考えることになりそうだ。この三割、二五〇万人に何が期待できるかだろうか。手に職をつけた人も含めた圧倒的多数の「もとサラリーマン」諸氏の活力を引き出し、地域のニーズとマッチングする仕組みが地域に必要となるが、単に「コミュニティビジネスにどうぞ」という無責任な勧めで片づけることにしてはいけない。

現代企業を支えている圧倒的大多数のサラリーマン諸氏は、「官僚制システムの住人」といってよい。行政部門に所属するお役人とちっとも違わない。彼らの多くは予算とルール（規定）に従って分業システムの中で「ムダなく、ムリなく」仕事を処理することを期待され、昨日も今日も明日も同じという前提で大きなミスもなく黙々と仕事を続けてきた。だから、彼らに無責任な夢を抱かせて、「武家の商法」をさせてはいけない。では、どうするか。まず第一に既存のＮＰＯ（法人格の有無を問わず）や公益法人でのインターンシップが必要だ。コミュニティビジネスを目指している人々は、自らの持つスキルや知識をコミュニティを基盤として活動しているさまざまな組織でどう活用できるか、あるいは自らに不足している要素をどう補強してゆくかを、インターンシップで一つひとつ確認してゆくことだ。

コミュニティビジネスが通常のビジネスと違うところは何か。この点に関しては認識の多少甘い言説が多いのだが、本質的な点は、「このビジネスに失敗したら、コミュニティで生活することにも足かせとなる烙印が押される」ということだ。一般のビジネスと割り切れない要因がコミュニティビジネスの「ニッチ市場」に潜んでいる。つまり、思わぬ「落とし穴」がコミュニティを構成する住民の感情に潜んでいる。何度もいう。泳げない人をいきなりプールに投げ入れるまねだけはすべきでない。地域デビューのきっかけとしてインターンシップを活用すること、その受け皿として、地域のＮＰＯや公益法人がある。人・物・金がすべて不如意の団体が圧倒的なのだから、インターンシップこそ、双方にとってメリットのある仕掛けだ。地域デビューの手段であるインターン実習を通じて、地域とのさまざまな「顔と顔」のネットワークを構築する。コミュニティビジネス創業の可否の検討は、その後でも十分なのだ。

コミュニティビジネスの支援

大都市圏の一部を除き、地域経済は全般的に下降局面にある。バブル経済がはじけて以来、開業率が閉業率を下回ってから久しい。開業率の低さは欧米と比較して話にならないぐらいだ。地域の活性化は既存企業の雇用増加もさることながら、開業による新規雇用の増加も見逃せない。なぜ開業が少ないのだろうか。理由としては、起業に失敗したときのリスクの大きさ、寄らば大樹の蔭志向のサラリーマン気質、起業のためのノウハウや知識の乏しさ、限定された相談先、支援側に対する税制上の優遇策の薄さ、など枚挙に暇がない。ニート・フリーター発現率と開業率との間に反比例する関係が認められているにもかかわらず、この手の政策誘導が十分なされていない。同種の指摘からすでに一〇年以上経過しているが、抜本的な手が打たれているとはいえない。

他方、コミュニティビジネスが対象とする経済的リスクは、ビジネス一般の開業率の低さとは事情が少し違う。必要資金の額から見ても、福祉や社会教育などの活動分野の点から見ても、ローリスクの典型だ。しかし、地域ニーズの高さに対して創業は相対的に低迷を続けている。日本のNPO団体すべてにもいえることだが、人材不足や、活動拠点の欠落や、あまりにも低い現金収入の問題点に行き着く。どんなに志が高くても現実の壁にぶつかり「安かろう、悪かろう」に終始する活動状況では、コミュニティ活動は一般ビジネスには到底移行できないし、継続できない。

だから、CSR（企業の社会的責任）の一環としてのビジネス側からの支援や協力、行政の支援、そしてとくに事業計画から資金計画、信用情報に対する地域金融機関の指導と助言は不可欠といってよい。その点では、産官学の連携組織を構築したりして、コミュニティビジネスを「地域で」支える仕掛けを作ることも重要ではないか。地域あってのビジネスであることを忘れてはならない。

また、若者は自由と職を求めて移動するという大原則を無視したり、若者の力と支持をなくした場合、地域に明日はない。コミュニティビジネスは「豊かな社会」を当たり前に思う若者からは歓迎されはすれ、忌避されるものではない。彼らはすき好んでニート・フリーターになっているわけではない。現在・将来を含めて働き甲斐や生きがいを満たしてくれる職場があまりにも少ないといっているのだ。それを単なる甘えととらえていては、時代の流れをつかみ損ねるだろう。若者を十分引きつけるコミュニティビジネスが、時代を開いてゆくはずだ。

場所のコミュニティ・参加のコミュニティ

コミュニティ、なんととらえどころのない言葉だろう。だからなのか、人々の口から簡単に出てくる心地よさもある言葉である。ある人は、挨拶をかわす顔見知りが住まう狭い空間をコミュニティと呼ぶ。またある人は、インターネットで会話が弾む「地球規模」の空間を当てる。学者は学会こそアカデミックコミュニティだとうそぶく。しかし空間のとらえ方には違いがあっても、「仲間と部外者」あるいは「ウチとソト」を分けようとするある種の排他的な力学が働いているところは共通している。排他的な力学は、内部に対して種々の助け合いや情報収集での互恵的関係の維持や結束を促進すると同時に、外部に対して無関心や意図的なコストの負荷をもたらしやすいことも確かだ。動植物の「進化」が必ずしも「いいことづくめ」ではないと同様に、響きが心地よいコミュニティにも、当然のこと、コインの裏表のように相反する貌と欠陥がある。しかし「市場対国家」図式からの脱却には「コミュニティ」は強力なキーコンセプトとなる。

さて、コミュニティビジネスだが、このビジネスは限定的な「コミュニティ空間」を相手にすると同時に、ビジネスを通じて「新たなコミュニティ」をも創造する。しかし、ビジネスとは本来的にこの種のコミュニティ（これをマーケットと普通いい表す）を創造することを一番の戦略とする。企業間の提携関係や航空会社のマイレージや各種の会員カードがコミュニティの通行手形であり、優遇へのお墨付きである。しかし、なぜあえてコミュニティではなくマーケットと総称するかをつきつめれば、より普遍的かどうか、あるいは参加限定的でないかどうか、外延的でチャンスや情報に対してオープンな傾向を求めているかどうかということだろうか。

では、マーケットを住処とする一般的ビジネスではなく、何らかの空間的限定性を持ったコミュニティを住処とするコミュニティビジネスをどうとらえるべきか。マーケットが十分とらえきれないコミュニティ特有の空間限定的ニーズを吸い上げ、ビジネス化する事業体とでも定義するほかないのだろうか。しかし、これだけ時代が求めているのに、多くのコミュニティでこれらを検討しようという意識が希薄すぎるのだ。

個々のコミュニティ特有のニーズが生まれる空間が、もう一方の「場所のコミュニティ」といえる。ビジネスの主体が株式会社であってもＮＰＯ法人であっても、それは本質的問題ではない。「営利」よりも「社会的使命」にビジネスの本義を置くことで、市場と国家から「等距離」を確保することに努めなければならない。広くボランティアを募り、支援者を募り、出資者を募るビジネスモデルが現実のものとなり、それを認知して参加してくるさまざまな主体が「参加のコミュニティ」を構成する。例えば、後述する産官学連携組織、『社団法人 学術・文化・産業ネットワーク多摩（略称▽ネットワーク多摩）』は、四一大学を核として行政や企業が八八団体参加し「多摩地域の活性化」をミッションとしている。主な活動の対象を原則として東京西部多摩地域に限定している。実施している各種の事業サービスの供給先は多摩地域の大学であり、行政であり、事業所であり、住民であり、学生である（www.nw-tama.jp/index.）。これが「場所のコミュニティ」を構成する。そして、この事業体を立ち上げることで地域を限定せずにさまざまな団体が出入りし、取引し、提案し、協力する。多様性を含んだこの「参加のコミュニティ」が、「場所のコミュニティ」よりもコミュニティビジネスの質と領域を決定する。

多様な支えが必要

「参加のコミュニティ」が重要だということを、さらに説明する。

アダム・スミスは、私益に従って行動する人間が、なぜ秩序を破壊せずに皆満足げに取引を終え市場を去ってゆくのか、なぜ私益しか意識せずに期待を持って再び市場を作るのか、しかもそれが大きな公益につながるのかを、「神の見えざる手」という隠喩で説明した。コミュニティビジネスは莫大な創業者利潤を約束するのでもない。その上マーケットや行政の活動の隙間やニッチをやっとのことで見つけ出し、試行錯誤を繰り返す存在でしかない。参加することによる各自の果実は少ないはずなのに、さまざまな団体や組織がどうして活動に参加し、支援する「参加のコミュニティ」を形成するのか。まず理由の一端として考えられるのは、そこに社会性を帯びた明確なビジョンを現実のものにできる確信が存在するからだ。そしてその確信を支え、支援し、ビジョンを具体的な形にする「参加のコミュニティ」が形成される。人はパンのみにて生きるにあらずなのだ。

例をあげよう。地元に気軽に立ち寄れ映画も上映できるミニシアターがないことに気づいた有志一五人が洋品店を借りてミニシアターを作ったが、貸主との思惑の違いで移転を余儀なくされる。その動きを、「文化の薫り高いまちづくり」をねらっていた地元商工会議所が注目した。商工会議所は「中心市街地活性化計画」のTMO構想で、空き店舗となっていた銀行跡を映画館にすることを書き込んだ。まず銀行跡を行政が借り受け、商工会議所が管理する。ミニシアターを立ち上げたNPOが事業から得た収入で家賃を払う。と同時に設備や改装はTMO事業から捻出し、不足分は「シネマ基金」を募集し、市民や企業から二五〇万円を集めた。また、安定的に興行を継続するために、地元企業に前売り券の年間購入、市役所や駅など集客地点でのポスター掲示協力なども約束させた（http://fukayacinema.com/index.htmlmata、または、関東経済産業局編『コミュニティビジネス経営力向上マニュアル』〔二〇〇七年三月〕参照）。この例では、行政、商工会議所、市民有志、企業が支援者として次々に現れる。コミュニティビジネスを創業し展開する中で「参加のコミュニティ」が作り出され、支援者を広げ、事業が軌道に乗ってゆく。活動することのエネルギーが磁力となって周辺の人・物・金を巻き込んでゆく。

支援者としての行政

コミュニティビジネスがれっきとした事業収益も考えたビジネスであるべきだとすれば、事業からの採算についての十分な見通しは継続性の点から重要だ。ビジネスニーズが十分存在するか否かを示唆するからだ。そして、運営上の巧拙を如実に反映するからだ。だから人・物・金の三位一体のうち、ヒトの面に大きく左右されるから「参加のコミュニティ」について語る必要がある。上記の関東経済産業局のマニュアルの参考資料に代表的コミュニティビジネス一二五事業体についての興味深いアンケートがある。複数回答だが、支援者として高い順に、代表者やメンバーの友人・知人（八〇％）、行政（七二％）、利用者など（六〇％）、他のＮＰＯ、ボランティア団体（五六％）、地域住民（五二％）となる。代表者やメンバーの友人・知人の支援者の存在自体は、人的な支援以外採算などに対して与える要素はそれほど大きくはない。しかし行政が支援者として前面に出てくるときには、助成金・補助金と無料に近い広報宣伝、そして何よりも「信用」を付与してくれる。行政も「場所のコミュニティ」に注目するから、事業展開にも財務的にも何かと有力な支援者となる。ただし、事業に対する資金的な支援は一時的なものである。単年度契約が原則で、長期といっても三年ぐらいが一般的である。三年間で何とか採算上の自立性を確立しなければ、独立したコミュニティビジネスにはなりえない。支援先も含めて支援のあり方についての多様性をコミュニティビジネス自体が構築すべきなのだ。

行政が支援というとき、税金の使途の観点から行政区界という「場所のコミュニティ」の定義が最も重視される。アダム・スミスに「市場の大きさが分業を左右する」という有名な言葉があるように、スケールメリットが働き十分なマーケットが保証されないところに一般のビジネスは出て行かない。しかし「場所のコミュニティ」には、一般のビジネスが満たしえないコミュニティ特有のニーズがたくさんある。そのニーズはまた、行政が直接手を出すのは、組織上の制約あるいは役所の縦割り、高コスト体質から効率的ではないものも多い。しかし、「安かろう、悪かろう」では、ビジネスとしては失格だ。失格し信頼を失い消えていったコミュニティビジネスは案外多い。「場所のコミュニティ」に落第の烙印を押されたからだ。

地域の明日を開くビジネス

市場からも政府からも「等距離」を貫くことは、性格上至難の業である。しかし、「コミュニティビジネス」の図式を確立するためには、一度は克服すべき課題といっていい。

地域経済の雲行きがどんどん怪しくなってきている。マクロ経済的にも低迷の様相が明白になりつつある。少子高齢化の波と複合的になりながら、不況の波は最も弱い地域の最も弱い家庭から直撃してゆく。コミュニティビジネスを、これらの荒波に対する防波堤として活用すべき時期にきている。高齢化や不況であえぐ地域には、容易に標準化も大量供給もできない複雑で固有のニーズが発生する。これらのニーズに十分応えられる一般ビジネスモデルなど、存在しえない。コミュニテイビジネス成功に必要なのは、「その地域には固有の解しか存在しない」と教えることだ。

質の価値が問われる

目の前に展開される現実を見て、それを理解しようとする衝動を誰も妨げることはできない。テレビの画面に次々に送られてくる独裁国の圧制、安い賃金を求めて新興国にどんどん押し寄せる外国企業、サブプライムに翻弄される米国の議会、日本では「政権交代」というメインの争点に総選挙の日程をめぐる与野党の丁々発止が起こり、ついに政権の交代。これらの事柄を見ながら、誰もが「この世界」を解釈しようとする。

インターネットの普及が世界の競争ルールを根本から覆し、遅れてくる者（インドや中国などの新興国）にも先に行っている者（日米などの先進国）と同一のスタート台を用意したといって、「世界は平板（フラット）化し、誰もが競争に参加できる時代」というイメージづけがなされもする。あるいは、北海道夕張市の財政破綻を見るにつけ、ギリシャの経済破綻を見るにつけ、国と地方合わせて八百兆円余の長期債務残高を考えると、日本の場合どうしても、「大きな政府、大きな負担」の将来イメージが付着するのだ。

ひところ、政府の現業部門について市場化テストが云々された。ある点では政治的ショーでしかないとしても、今は「事業仕分け」が人々の耳目を集めている。政府の仕事があまりにも不透明で非効率に見えたから、それを政権交代を機に白日の下にさらす必要が出てきた。民間の利益を容認しても時間の節約（効率）を図りたいか、それとも、利益分を民間に「搾取される」なら時間がかかることに納得するか。「政府の役割」についての国民の価値判断にまで関わる選択問題だ。効率性か公平性かの優先順位を決めることはいつの世でも二律背反の問題を生み、専門家の間でも意見の対立を見る。

では、地域社会が必要としているコミュニティビジネスの場合はどうか。コミュニティビジネスは収益を生んではいけないのか。あるいは、正常な収益とは何か。現状を考えると、これは相当先走った議論かもしれない。前述の、経済産業省関東経済産業局の調査（二〇〇六年）では、回答を寄せた一二五団体のうち、かろうじて赤字に陥っていないのは八四団体、残りは赤字か無回答の団体である。利潤などとは無縁の世界が広がる。ここにも、ある種のイメージが定着している。コミュニティビジネスに「大幅黒字は似合わない」というイメージだ。

しかし、これでよいのだろうか。ある意味、ビジネス上での失敗は全顧客を失うぐらいのリスクを伴う。これはコミュニティビジネスも例外ではない。さらに、場合によってはコミュニティから忌避されるリスクも存在する。そのリスクに対応した報酬がなければ、ビジネスではない。それを許さないとすれば、コミュニティビジネスはボランティア活動、ＮＰＯ団体の諸活動とどう一線を画すのか、まったく不明確になってしまう。と同時に、ビジネス上での発展も進化もありえないといっても過言ではない。

なぜリスクを伴うビジネスで利益の確保にこだわるのか。それは事業の社会的必要性、効率性、継続性を確固としたものにするためには、人材も含めて優れた経営資源の確保と維持、そして管理運営の進化が不可欠だからだ。そのための十分な利益の確保が「絶対必要」なのだ。社会的必要性は、顧客数の推移、顧客ニーズの規模や範囲によって量ることができる。効率性は、限られた経営資源を確保しあるいは購入し、それを無駄なく投入することで、所期の目的を達成することだ。継続性は、獲得した資源を使ってヒトやモノに再投資し、残りを留保積み立てして、成長発展の機会や不要不急の事態に備えることだ。これらは皆、量の充足だけの話ではない。質の水準も当然議論の中心に添えなければならない。むしろコミュニティビジネスを云々する場合、スケール性を問題にする量ではなく、その質の水準が問われるといったほうがいい。これを忘れては、コミュニティビジネスは語れない。

ヒトの中身を問うべき

コミュニティビジネスの大半を占める福祉サービスに例を取ろう。福祉関連のサービスは奉仕が第一義で、利益は二の次、三の次と一般にいわれる。福祉対象者イコール負担に困っている人という図式がまかり通っているからだ。それは本当だろうか。普通の労働市場を考えれば、一人当たり人件費に労働の質が比例しているといえる。コミュニティビジネスは一般のビジネス以上にサービスの質が問われるビジネスだ。とすれば、欧米の場合と同様に、優れた人材に見合った人件費なら高くて当然なのだ。しかし日本では、コミュニティビジネスの多くが携わる福祉関連の労働市場では、低賃金が当たり前の状況にある。ビジネスとして確立するには、利益の確保がある程度なければ、優れた人材の確保も能力開発なども覚束ない。

ヒトについてもっと言及したい。まずスタッフについて述べよう。先ほどの関東経済産業局の調査によれば、リーダーはじめ常勤スタッフはゼロも含めて四人以内が五一%を超える。さらに、有給者が誰もいないコミュニティビジネスが一〇%を超える。これはボランティアの域を超えるものではない。どのようにして、人材を巻き込むのか、どのように人材作りをするのか、どのようにスタッフにやる気を持たせるのか。「ヒトはパンのみに生きるにあらず」という奉仕の精神だけでは、コミュニティビジネスは絶対成り立たない。まして持続的発展など期待しえない。供給者も需要者も双方を不幸にする。このような非常識な状況を放置することの社会的損失を、政治も行政も改めて考えるべきだ。

リーダーについても言及したい。使命を感じ、ビジネスとして起業した以上、十分な成算があるのか、十分な収益を長期にわたって確保できる余地があるのかをしっかり検討できなければ、ビジネスモデルは完結しえない。ビジネスモデルが存在しないとすれば、それは資質の劣ったリーダーの単なる「思いつき」であり「独りよがり」でしかない。その言説に惑わされ、貴重な時間を失うことの愚を悟る勇気と判断力を持った参加者でなければ人材とはいえない。こうした人材をつなぎとめておける力量を持ったコミュニティビジネスが、全国でどれくらいあるだろうか。

タニマチ、これはある種支援団体や好意的個人を総称している。先ほどの調査によれば、八〇%

を超える団体がタニマチを持つ。知人が最も多く八〇％、次いで行政が七三％、かつての顧客が六〇％、ボランティア・NPO団体が五六％、地域住民が五二％、医師や弁護士といった専門家などが四九％となっている。しかし、企業や金融機関の支援は四二％でしかない。前回紹介した『社団法人　ネットワーク多摩』では企業や地元金融機関を正会員として職員を出向扱いで派遣してもらい、また運営から各種事業の支援まで大いに活用させてもらっている。彼ら企業や地元金融機関等がタニマチとして支援するに価値ありと判断するところまでビジネスとしての質の確保と向上が必要だ。ちなみに調査データを利用して採算性との関係を分析して、地元企業・金融機関、大手企業、農協や商工会議所、大学などをタニマチにしているかどうかが重要な鍵を握ることがわかった。タニマチとしての行政や商店街などの存在は案外関連性が低い。これは興味深い結果といえよう。

カネの中身がビジネスを問う

「金の切れ目が縁の切れ目」ということわざは非常に意味深い。コミュニティビジネスではカネとヒトは一体となっていなければならない。それは、カネこそが当該ビジネスの市場性や社会的有用性を明確に示してくれる客観性のある尺度だからだ。ビジネスに競争はつきものである。競争に敗れるのは、ニーズをすばやくキャッチしそれをうまくビジネス化する戦略と作業が相対的に劣っているからだ。それを回避するにはライバルに勝たなければならない。それにはアイディアだけでは不十分で、実行力のある人材と軍資金と活動の場と情報が必要だ。また、競争は一回だけではない。活動が存続する限り繰り返されるもの。継続する競争のプロセスで負けの回数を少なくし致命的な負けを回避するには、運転資金をはじめ、短中長期の計画にそってヒトやモノへの投資資金など、十分な資金力を確保しなければならない。そのために、会費や事業収入、そしてできれば寄付金等で資金力を向上させることが必要なのだ。

「ただのランチはない」。これは市場原理主義者の総帥ミルトン・フリードマンが常々発していた警句である。ボランティアならいざ知らず、かりそめにもビジネスを名乗るからには、対価あっての諸活動である。利用者も支持する適切な料金の設定が成立してこそ、当該ビジネスの社会的存在意義が確認される。対価が利用者の負担と、外部的補助の合算によるとしても、投資までも考慮した適切な対価が設定できなくては、ビジネスの名に値しないと断言したい。もちろん、適切さの中身には、効率性の検討も含まれる。課税権を裏づけに、不必要に質を重んじ無駄な費用をかけることに何の痛痒も感じない「公的ビジネス」や官公庁現業部門がかつて多かった。自治体がこぞって作った「住宅公社」の累積赤字や、医療事業等の失敗の事例がいくらでもある。人口減少時代に入り、財政赤字も一向に減らない上に税収の右肩下がりの時代が到来し、負債の補填も叶わなくなった。コミュニティビジネスはこの轍《てつ》を踏んではならない。

不必要なぐらい立派な建物、豪華すぎる役員室は、なにも官公庁の現業部門が持つ施設ばかりではない。民間企業でも単なる経営陣の虚栄心を満たすだけの施設作りも多い。これらは、収益を生み出さないばかりか、固定費を上昇させる。いたずらに維持関係費や修繕費などにただでも少ない収益を回す必要はまったくない。固定費上昇は損益分岐点に必要な収入を高く設定させることにつながる。競争に必要な設備投資とともに人的投資に回す資金循環を確固としたものにすることがビジネスとして定着するために必要となる。ファイナンスのための人材は防御の役割を持つ。マーケティング力をつけるための攻めの人材と車の両輪となってコミュニティビジネスを前進させる。「人材は報われるところに集まる」、これが鉄則である。

「スモールワールド」ネットワーク

「なんとまあ、世間とは狭いものだ」と感嘆したことはないだろうか。例えば、こんなことがあった。ある研究会で一緒に仕事をしてきた若い学者が、結婚することになったと筆者に伝えてきた。「おめでとう、それでお相手は」と聞いたら、なんと過去に大変お世話になった老学者のお嬢さんだった。若い学者も老学者も、筆者が二人の共通の知人であると聞いてびっくりしていた。この種の経験談は、世界共通でどこにもある話なのだろう。おそらく読者にとっても。

さて、ここで二人の天才を紹介する。

まず一人目は、一九六〇年代、ボストンにある名門ハーバード大学に学んだ若き心理学研究者、スタンレー・ミルグラムである。彼は、風変わりな一つの社会実験をした。ボストンからはるか遠くの二つの田舎の州（失礼、ネブラスカの人たち）に住む住民を何人か、電話帳を繰ったのかして「でたらめ」に選び、彼らに「個人的な知り合いで、なるべく『付き合いの広い人』に彼の依頼した小包を届けてボストン在住のミルグラムの「特定の知人」に自分の小包が届くようにしてほしい」と依頼した。ただしその友人の名前以外、住所などは知らせていない。「あなたの知人の中で付き合いが広く『ミルグラムの友人に社会的に最も近そう』とあなたが思っている知人に転送先は限定してほしい」という、この何ともあつかましい依頼で実験をした。住所も知らせないで、どうやって小包が届けられるのだろうか。小包は皆転送途中で行方不明にならないか。

しかし、その実験の結果は驚くべきものだった。ほとんどの小包は住所も知らされていない「彼の知人」のもとに、それぞれの小包が六人前後の人を介して無事に届けられたという。「特定の友人に少しでも近そうな人に転送」という条件が重要なのだ。つまり、彼らの転送先はネットワークのハブまたはクラスター（塊）の中心として仲間が認めている人たちで、そんな人たちが知り合いとした「誰にでも」普通に存在することが重要なのだ。

ミルグラムの社会実験の目的は、人々をコミュニティに結びつけている複雑なネットワークがどんな構造を持っているかを調べたいということだった。世間を見渡せばネットワークのハブ（ネットワークが集中する点）になる知人が一人ぐらい、誰にでもいることがわかる。と同時に、世間には少ないネットワークしか持たない人がもっと大勢いる。この差が想像以上に大きいと同時に、ハブのような「誰とも知り合い、誰もが知っている」人も数多くいることがわかる。おそらく、〈ハブにはならない人のネットワーク数×大多数〉は〈ハブになる人のネットワーク数×少数〉の α 乗というような、非常に単純な式で表されるような構造（マーケティング理論の「ロングテール」やカオス理論に出てくる「べき乗法則」と呼ばれる）が潜んでいるのかもしれない。しかもハブに関する適切な定義をすれば、αという定数は『1よりずっと小さいのかもしれない』と筆者などは密かに思っているのだが、さて、どうだろうか。そして、この式の重要性はハブになる人の「ネットワーキング」に着目すべきだということに尽きる。いつでも「スイッチオン」にできる状態を作ること、あるいは、そうでなければそのような人とのチャネリングを誰もが意識的に作っていることだろう。

ミルグラムの研究成果は「六度のへだたり」と呼ばれているが、ハブになりそうな人に注目したネットワークを利用した結果であり、追実験の大半は六人を優に超えてしまうだろう。しかし、このような最短（？）経路が存在することの意味は大きい。ちょうど世界的なハブ空港から最短ルートで他の空港に降り立つことができるように。そしてもっとこの本のテーマに沿って先ほどの式のようにすれば、大多数を人口二万人ぐらいの中小都市、少数を東京や大阪という数百万人を超える大都市とすると、N番目の都市の人口＝一番目の都市の人口×Nのα乗となり、なんとα＝マイナス1に非常に近くなる。

米国の学者には、なんとユニークな研究をする人が多いのだろう。だから、米国は学術上のリーダーとしての資格を長く維持しているのかもしれない。しかし、二〇〇八年には日本人（国籍は問わず）が四人もノーベル賞をもらったから、あながち日本人の学者にオリジナリティが具わっていないとは断言できない。

ネットワークのパラドックス

さて、もう一人の天才、マーク・グラノベッターという社会学者を登場させる。彼は若いとき（一九七三年）に、ネットワークには「強い絆」と「弱い絆」が存在するという有名な論文を発表した。面白いことに、「強い絆」より「弱い絆」のほうが社会的にはより重要で、それが社会のネットワークの機能を強化する「架け橋」になっている場合が多いことを、事例で示した。「同窓会組織」などでたまにしか会わない、あるいは思いかけず遭遇した友人を介して、あらかじめ期待していたわけでもない就職や結婚のチャンス、そしてビジネスチャンスに恵まれたという証言をたくさん得たという事例だ。

「弱い絆」という架け橋が、「近道」の機能や、多様なあるいは複雑な作業をうまくまとめて処理できるような「ネットワークの広がり」を形成する役割を務めてくれる。いい換えれば、より早く、より遠くに情報は「弱い絆」をたどりながら、あるいは、回路のつなぎ直し（リワイヤリング）を伴いながら、ネットワークは強化され広まってゆく。

しかし、「弱い絆」につながる先の人は、実はハブになる人である可能性は、非常に大きい。この点で、ミルグラムとグラノベッター双方の研究が結びつく。そして、効率的な「弱い絆」を発見する場、存在する場を、気鋭の社会学者ロナルド・バートは「ネットワーク上の構造的なスキマ」と名づけた。

それはともかく、存在感の一見薄そうな「弱い絆」という架け橋が集中的に破壊されるとネットワーク自体が機能不全になったり消滅したりする、というパラドックスが存在することに、注意を喚起したい。一見聞き逃してしまいそうな噂話が地方の金融機関の取り付け騒ぎを起こしたり、女性同士のクチコミの広報上の威力がよく指摘されたりするが、これらも「弱い絆」の威力を示す事例といえる。「世間とはなんと狭いものか」という日常的な感覚は、ミルグラムとグラノベッターの両天才が、オリジナルなアイディアを駆使して導き出したネットワークの威力に関する理論がうまく説明してくれる。鋭い刃物は使い方で有用なものになったり、有害なものになったりする。この「弱い絆」やネットワークのハブをどう使うかが問題である。

大人の世界では、「文句をいう」と「黙って去る」では、前者のほうが文句をいわれる「本人」への思い入れが強いものだ。アルバート・ハーシュマンはそれを「忠誠度」との関連で指摘したが、「友情」や「愛情」とも重なる行為ともいえる。例えば、黙って素通りされる商店街と、客がよく文句をいってくる商店街とでは、どちらに将来性があるか自明だろう。

ネットワークとビジネス

さて、現実のビジネス上でもネットワークの機能がものをいう。例えば、自動車業界で一台の車を完成するのに使用する基幹的な鋼材や部品の類は約一万点にも上る。一つの自動車メーカーにはそれに匹敵するだけの供給先があると思えばよい。また供給する側の製造拠点が複数に上るとすれば、もっと複雑なネットワークになる。ネットワークのあり方はリスク回避やリスク減殺を大いに左右する。

ビジネス上のネットワークを流れるのは、人・物・金・情報の四大要素である。ビジネスの上で隆盛な企業とそうでない企業では、ネットワークを構成するリンクの本数も連結する取引先の数も違ってくる。おそらく、トヨタと他の企業では取引ネットワークの様相は違ってくるだろう。トヨタはネットワークの最も中心性を持ったハブになっていると同時に、系列企業との間に「強い絆」を維持している。それと同時に、業界団体と歩調を合わせるし、特許の共同出願などで形成される同業他社との「弱い絆」も無視できない。また親会社と子会社、孫会社との強いネットワークとともにそれぞれの会社の持つ強弱の多様なネットワークの存在と維持が、「万が一」というリスク対応に重要になる。それでも「落とし穴」があった。その他、M＆Aを通じて取引上のネットワークの中で「弱い絆」から「強い絆」に変化するリンクもある。したがって、競争を通じて淘汰の波が襲うことで寡占化が進み、一つの業界のネットワークの構造も形状も変わってしまう。

「メトカーフの法則」というネットワークの価値を表す際の一つの目安になる法則がある。取引がN社あれば、N（N－1）にその価値は比例するというものである。例えば、取引相手が一〇社と二〇社の二つのネットワークがあれば、価値の相対比は二・〇ではなく、四・二前後になる。それが一〇社と五〇社の二つのネットワークでは価値の相対比は五・〇ではなく、二七・二前後になる。これはネットワークの規模の持つ威力が比例的ではなく、「強者はますます強く」という累積効果を持つことを表している。

ところで、メトカーフの法則はグラノベッター流の研究に従えば、「弱い絆」の本数についても当てはまる。コミュニティビジネスの場合は個人的色彩が色濃く残るビジネスだから、トップのハブとしての機能が全体の活動を左右する。また、トップが持つ「弱い絆」の多寡もビジネスの将来性を決定する重要な要素となる。未知のリスクに対する耐性を左右するのは、ハブ機能よりも「弱い絆」の多寡だからだ。例えば、同業他社との間だけではなく、補助金を支給する政府や財団そして企業、あるいは中間支援機関などとの「弱い絆」は、人・物・金の点でコミュニティビジネスの持続可能性を高める。では「弱い絆」を形成維持する要素として何が重要だろうか。

信頼のネットワーキング

「弱い絆」は、維持する努力を怠ると消滅する淡い存在である。だから、「弱い絆」を「強い絆」に変える必要も場合によっては出てくる。「強い絆」も放置するうちに動脈硬化を起こすかもしれない。だから、いつでも「つながる」ように維持し、修復するネット「ワーキング」が重要なのだ。またバートのいう「構造的スキマ」をどう発見し、どう埋め、どう動脈硬化を回避し、ネットワークのサイズをどう拡大し、充実させてゆくかも、そこに含めたい。

さて、コミュニティビジネスの本質は収益以上に事業の継続可能性である。継続可能性を担保するためにこそ、計画性・効率性・市場志向などを重視する「ビジネス手法」が必要になる。コミュニティビジネスがビジネスである以上、もちろんそこに競争の要素が発生したり、より高度なものに進化させたりする社会的必要性も勝者の条件として出てくる。

ここで何よりも重要なのはコミュニティ内外に存在する「弱い絆」の維持である。「弱い絆」を維持するためには、ネットワーク上を「信頼」の二文字が血液中の酸素のような役割をすることを指摘したい。しかし短期間では「生まれにくい」上に簡単に破壊されやすい「信頼」とはなかなか厄介な代物だ。とくに、コミュニティ意識が希薄で匿名性の強い地域社会では警戒心も強いし、コミュニケーションも取りにくい。さまざまなイベントを設けて、「時間と気持ち」を一緒にする仕掛け作りが必要だ。それを継続しなければ「信頼」など生まれはしない。農村共同体の維持にも、昔から冠婚葬祭や神事が活用されてきた。道徳を教える昔話などを通じた老幼のコミュニケーションもこの部類に入る。これらは先人の知恵であり、必要不可欠なネットワーキングといえる。戸建住宅地の役員会も大学の教授会も何の重要な議題（アジェンダ）がなくとも定期的に（例えば月一回とか）開催されるのもネットワーキングの重要性から出てきたものなのだ。

コミュニティビジネスにとって、ビジネスレターの定期刊行、ブログやメールマガジンなどの作成と送信、掲示板を活用したネットワーキングは「信頼」を形成し、「弱い絆」を維持拡充するには一見無駄のように思われがちだが、これこそがメトカーフの法則を有効に働かせる効果的な作業として、必要不可欠のものであることを知るべきだ。「弱い絆」を維持し拡大することが、需要の発掘、人材の呼び込み、認知の拡大などコミュニティビジネスを一段発展させるための必要かつ十分な条件といえる。そういえば、年一回の年賀状、あるいはクリスマスカードも身近で便利な慣習化されたネットワーキングである。

マーケットの本質と国家

これまでに伝えたかったことを少しまとめてから、本題に入ろう。まず、コミュニティビジネスは特別の存在ではなく、サービスのロットが極めて限定された少量だから、空間が限定（だからコミュニティ）されるニッチのビジネスだ。しかし、空間が限定される以上、経済ばかりではなく、文化や地域の人的ネットワークを介した計算しづらい感情や感性を伴うディープな要素も含むので、その分「奥深い」難しさがある。しかも、継続性と費用対効果を両立させることが必要ながら難しい事情もあるので、コミュニティビジネス側は広く人材を求める作業がなかなか思うように進んでいない。その点では税制上の優遇策が手薄なのだから、行政の支援がかなり必要な現状が日本にはある。さて、以上のおさらいを前提に、もっと本質的な点に話題を移してみよう。

古今東西どの国家にとっても、マーケットとは怖い存在である。政府は自らが独占する「政策」活動をマーケット化しようとするいかなる試みや要求にも断固抵抗する。例えば、国力の健康度を示すのが「為替相場での自国通貨の価値」といってもさしつかえない。通貨のマーケットは一国の命運を決める力もある。だから政治家は、損得抜きで自国通貨の守護神と化す。前にも述べたように、レーガン大統領は「自国通貨の価値が上がることは、自国の強度が向上した証拠」と喝破した。

経済にそれほど強くない彼でも、グローバル経済のイロハを知っていたといえよう。どこかの国の政府のように貿易の利益のために通貨価値が上昇することを極端に恐れ「自国通貨いじめ」に余念がない、あるいはレーガンのような素直な気持ちが理解できないリーダーたちを持つ不幸な国民もいる。一九八六年前川日銀総裁をヘッドとした「前川リポート」で主張されたように、為替相場と国際競争のリスクを伴う二重の意味で不安定な外需頼みではなく、内需も重視しつつマクロ戦略手段として大いに活用できるバランスのいい国に早く生まれ変わらなければと、識者も大半の国民も思っている。しかし、第一章で述べたように、国際競争力が低下すると考えているのか、地方経済の衰退を招くと恐れているのか、一向に構造改革は進んではいないのが現状だ。

マーケットがまだ幼い国でも、国家はマーケットを極端に恐れ制約を課そうとする。マーケットは国家の統治の原理に従おうとしないし、いつでも逃れようとするからだ。それは大店が平気で時の権力からつぶされた江戸期の歴史を見てもわかる。あるいは近年でもアフリカでは近郷近在の女性が活発に取引しあう市場を、ブルドーザーで破壊するような蛮行に出る軍事政権に牛耳られた国もある。「服従からの自由」がマーケットの本質だ。常に「ベター・オフ（より良い）」が基準となるダイナミズムがそこに秘められているから、マーケットには統治の領域を超えようとするベクトルが存在する。独裁を決め込む統治者には、それが気に食わないのだ。国家としての威信が、ひもじい国民の存在と両立する場合もある。米国の企業成長の歴史はいつも国家の介入からの開放を意味した。だから多国籍企業とは、発生すべくして発生したマーケットの申し子なのだ。それが国力を他所へ漏出させるから、時の権力者は気に食わないのだ。

コミュニティはマーケットの原点

では、マーケットとコミュニティは、どういった関係と見るべきなのか。ここでは、コミュニティはマーケットに十分なりうる。むしろコミュニティからマーケットが始まると考えてもよい。買う側も売る側も顔が見える。合理的に考えれば、双方とも裏切らないと十分予想可能だから安心できる。少しは無理を聞いてもらえる。後先考えれば裏切れないから、最もリスクの少ない取引が成立する。この特徴は、個対個による「あいたい取引」が基本となる優れたマーケットの原点ともいうべきものだ。ＩＣＴを自由自在に活用したアマゾン・ドット・コムのワンツーワンマーケティングと一脈通じるものがある。往時の勢いはもはや無きに等しいが、一時は日本の流通革命を牽引したダイエーは千田林で産声を上げ、イオングループの祖である岡田屋も四日市で営んだ店はコミュニティ・マーケットから一歩を踏み出した程度のもの。今は飛ぶ鳥を落とす勢いのユニクロが一九八〇年代に広島で産声を上げた一号店の商圏は、どれくらいだったか。今や業界で飛ぶ鳥を落とす勢いのニトリやコメリの場合も同様なのだ。とすれば、多くの企業にとってコミュニティは活動の原点である。コミュニティに支持されなければ一人前のビジネスモデルなどは作りえないことを、誰もが肝に銘じるべきだ。

忘れてならないのは、コミュニティビジネスは、優れたビジネスモデルを構築できれば、当然ナショナルビジネスにもなりうるということだ。例えば、歩み始めたばかりだが、八王子の一地域で生まれたNPOは、成功モデルを引っさげて隣の多摩地域にも進出した。もちろん、多摩の「同業者」はいっせいに反発した。しかし、コミュニティサービスの隙間をすばやく発見し、一番乗りで隙間を占拠し進出に成功した。この行動はすこぶる透明性を持っていたので、コミュニティの大半の住民から糾弾されもしなかったし、従来のNPOの活動で生まれたサービスの隙間を埋めることで、行政からはむしろ歓迎された。

バリのリゾートで

大学祭一週間ほど時間が空いた二年前、家族とインドネシアのリゾート地バリ島に旅行した。折からの円高を思いっきり満喫しようと考えたからだ。チップ用にと円を安くなったドルに換えた。クレジットカードで円高メリットを思いっきり体感する、「家族ぐるみ」の経済学の実践講座ともいえる。さて、訪れた二カ所、王宮のある古都ウブドのバザールと、観光客専用のゲートシティであるヌサドアのショッピングセンターとの対比をしてみたい。

バザールは入り組んだ路地にそれこそ無造作に店の軒先がせり出し、テントが張られ、住民の日用品から、観光客を目当てにした工芸品やバティックなどのローケツ染が施された布地の売店が所狭しと並び、そして客を奪い合う。「もっと良いもの」を求めて、観光客と地元の人たちが狭い路地を擦れ合いながら奥へ奥へと進む。日常生活のにおいがし、売り子たちの活気と騒音が入り混じ

バザールが教える界隈性の勝利

る。ハレとケの混沌の中に、思わずめまいがする。これは昭和三〇年代、四〇年代のお盆やお正月で賑わったあの地方の代表的商店街ぐらいの活気と猥雑性がみなぎっている中に思わずタイムスリップしたような感じがする。

他方、まるでディズニーランド風の全体が手入れの行き届いた街区のゲートを守衛が守っていて、不審者から観光客を未然に遠ざけるゲートシティに話を移そう。ゲートを入ると、中にリゾートホテルに隣接する形で小洒落たショッピングセンターがある。「観光客だけを相手」にするコンセプトで作られたのか、手入れが行き届いた庭園が広がるが、それほど大きくない規模で、生活臭もなく人工的で無機質な空間が広がる。おそらく観光シーズンなら賑わうのだろうが、雨季が始まりそうな端境期に行ったので、筆者たちのほか何人もいない。当然だが、核店舗の店員たちも手持ち無沙汰にしている。店員と客の間に、なぜか気乗りのしない、しらけムードが漂う。おそらく客の少ないことが、買物気分を起こさせない原因の一つかもしれない。賑わいこそ最大の販促手段だ。

この対比は、全国の大半の商店街と、郊外に不夜城のようにたたずむショッピングセンターに重ね合わせることができる。人通りが絶えて久しい市街地のシャッター通りで、誰が買物する気になるだろう。それよりも車で行けばワンストップで何でも買える、食事もできる、映画も見られる人が多く集まるショッピングセンターへ行こうと誰しもが思う。これはお客自身が、お互いに雰囲気を盛り上げることなくして、商店街の活性化などありえないことを暗示する。また、商店街に限っていえば、自分の店の有様が両隣や向かいの店に大きな影響を与えることをお互いに認識しているかどうかが重要なのだ。自分の店さえ、自分さえよければの発想を転換しなくしては、どんなに資金をつぎ込もうが、どんなにいいアイディアが示されようが、「抜本的な解決策」など得られはしない。商店街の人たちはもっと「お互い様」の効用に気づかなければならない。

コミュニティビジネスの成功事例

「行政が主導」した宮崎県綾町と「NPOが主導」した東京多摩ニュータウンのコミュニティビジネス二つの具体的成功事例を見てみよう。

まず、食に関するケースである。かつて「住民が夜逃げをする」寒村だった綾町（宮崎県東諸県郡）は、現在贅沢な家作が並び、フレンチやイタリアンレストランも散在する風光明媚な田園都市の風情を持つ。農業がビジネスとして成功し、沖縄など県外からも農家が移住し、イチゴやかんきつ類のハウス栽培、露地野菜、養豚などに力を注いでいる。ここの売りは、当時の町長が一九六六年から主導してきた化学肥料を極力排除した畜産と野菜生産のリサイクルを目玉にした「有機農業」だろう。県内県外合わせて年間百万人強の観光客を呼び寄せる照葉樹林の森と綾川湧水群を持つ山間の町は、自然の恵みを最大限に生かした「地産地消」や「グリーンツーリズム」を謳《うた》う観光都市を目指した。それが功を奏して、一九八〇年に底を打った人口は七千人台で徐々に増加傾向にある。宮崎市内から車で六〇分の距離にありながら。『綾手づくりほんものセンター』には、朝早く近くの農家が手塩にかけて作った新鮮な有機野菜や安全な加工食品が並ぶ。近くではポリバケツに名泉の水を詰める姿が見える。森の恵み、食の豊かさ、綾なす歴史と文化。行政、生協、地元民の「馴れ合いではなく郷土愛に基づく」パートナーシップの微妙なハーモニーが、この町独特の雰囲気を作っている。もちろん課題も山積し、稜線を走る鉄塔設置計画に端を発した町の景観をめぐる論争もくすぶっている。「有機農業」をコミュニティビジネスの核とした町は、その成功ゆえに次の段階に進化する世代交代の時期にさしかかっている。

もう一つは、住に関するケースである。かつて三〇万計画人口を謳《うた》った東京都西郊「多摩ニュータウン」は、開発から四〇年近く、開発を担ってきた都市基盤整備公団も東京都も、事業を完了させた。人口は二〇万の水準を若干超えるにとどまっている。ここの住民たちは八王子、多摩、稲城、町田の四市にまたがっているが、個々の市民というより「ニュータウン住民」というくくりのほうが意識的にぴったりする。彼らは、地縁の輪をニュータウンに引っ越してきてから作った。これまでの出自にこだわる必要がないので、新しい試みや時代の波に簡単に乗れるという身軽さがある。

その典型例が『NPO　FUSION長池』の誕生。地域活動に邁進したい都心に通うサラリーマン、近くの大学の教員、ニュータウン開発に目を光らせる畜産農家、住環境にこだわる建築家、女性のキャリア支援をビジネスにした女実業家など、多士済々が集まった。折からの電子メールの普及でネットワークの輪は急速に広がり、さまざまな話題が飛び交った。ベッドタウンだから、話題の多くは「住まい」に関すること。もちろん、住まいは周辺環境とも密接に関わりあう。このNPOは、ボランティア活動とビジネスをはじめから峻別した。活動の内容から、それを担う人たちも。

ビジネスの面では、八王子市がニュータウン地域に作った「自然館」という公的施設の管理運営と二千平方メートルの公団分譲地内に一四軒のコーポラティブ住宅「コーポラティブ・ビレッジ浄瑠璃」の建設分譲が特筆される。「自然館」の管理運営には、行政が当初ねらった活動目的にプラスアルファを仕掛けて、リピーターを増やした。福祉作業所製の物品の販売も手掛けたり、夏休みに隣接する小学校との間で「夏休み四〇日間連続開放」などのイベントを組んだり、体験学習を土曜日に試みたりしている。

一方、コーポラティブ住宅六棟に入る一四世帯が決まるまでの紆余曲折自体が、「ＮＰＯモード」から「ビジネスモード」に切り替わるきっかけにもなり、ＮＰＯから独立させて『有限会社夢見隊』も設立した。二〇〇〇年六月のワークショップ開始から二〇〇二年一一月の最初の一棟の地鎮祭まで購入予定者が変わったり融資条件が変わったり、という悪条件もクリアし、全戸すでに居住済みだ。今後、投資者を募り、賃貸型のコーポラティブハウスを作り安定収益事業にしたいと意気込む。しかし都心回帰の波はまだまだ大きく、その構想は具体化にまで進んではいない。

さて、以上紹介した二つの事例から、コミュニティビジネス成立の条件をまとめる。まず、宮崎県綾町には「農を中心とした活動のクラスター（ある地域で相互に密接に関連した活動や知識・情報の塊とそのネットワーク）」があり、東京都西郊多摩ニュータウンには「住を中心とした活動のクラスター」がある。次に、そのクラスターを活性化する個性的な「ヒト」の集まりと彼らが共有する「ビジネスアイディア」が存在する。地域社会の現在を営み、明日を思い描くには、通勤する大人たちばかりでなく、子育て中の若いお母さんの姿や登校途中の子供たちの姿や声が必要だ。この集団がごっそり都会や都心に移動した状態に地域の明日は期待できない。ビジネスセンスに裏打ちされ、地域に住む住民に安心と愛着、これから住みたい人たちに希望と憧れを提供できるような地域の活動こそ、「本当のコミュニティビジネス」ではないだろうか。

第六章

人口減少が演出する地域間競争

人口減少

平成十六年をピークに日本の人口の減少が始まった。人口政策を開始して減少傾向が止まりやがて定常状態（人口がある一定水準からそれほど変化しない）に到達するには、優に八〇年はかかるという予測もある。一部には「U字型」の出生率反転を予測する学者もいるが、私も含めて読者が生存している期間ではどう考えても人口の増加は望みえない。人口の増加がなくなった場合、一人当たりの取り分が増えるからかえって「豊かになる」という主張も出てくる。しかし長期的に見たら、人口減少は経済規模の縮小を生じさせる。さらに少子化と高齢化の二つの要因の結びつきが強まるといった困った状態に陥る可能性は高い。なぜなら、人口は「需要を作る」から景気を引き上げ、新しい投資を呼び、技術革新を進めるきっかけにもなる。そしてお互い接触を強めることで「人口は知識を作る」から、技術革新を生む人的資本の質を高めるし、情報の量も質も上げる。これがモノやサービスの量も質も上げる。そして技術革新となって新たな市場を創造し、景気を引き上げる。ICT機器の価格と性能に関する「ムーアの法則」は、限られた空間に参集した人々の切磋琢磨と競争と協力が生まれた「シリコンバレー神話」と対になる。また人口はまちに賑わいと安心をもたらす。「まちの賑わい」と犯罪発生率は反比例するようだ。

さて、経済学のテキストに従えば、バランスの取れた経済成長の天井は、技術進歩のスピードと

図７：上昇する初婚年齢、延長する適齢期

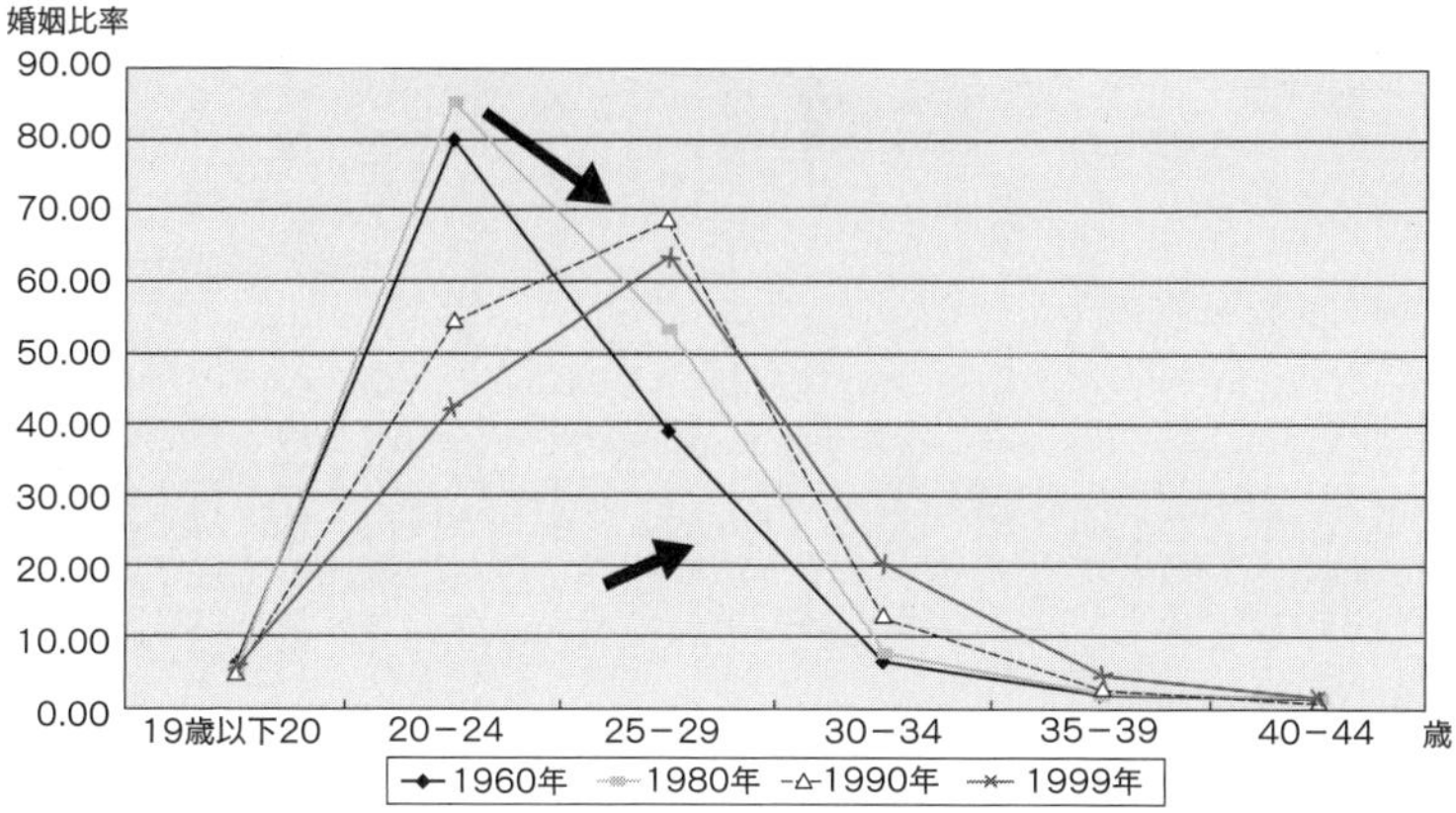

人口増加率の和になっている。しかも、技術進歩を支える人材は限られている。ある種の確率で人材は時と偶然を味方にして生まれてくる。どの国でも天才、秀才の出現率が一定の割合だとすれば、人口が多くなればなるほどその種の「人材の数」は多くなる。人口大国の有利性は、中国やインドを見ればわかる。日本の高度成長のピークと生産年齢人口の上昇率のピークが同一時期といっても的外れではないことに注目したい。しかも将来人口を決定する〇歳から四歳までの人口は、一九八〇年代初頭以来マイナス成長を継続している。この傾向を継続させるのは次の二つの要因だ。一つは、女性の高学歴化と社会参加に伴って必然的に起こった女性の経済力の向上が、彼女たちの初婚年齢を確実に引き上げた。図7で示されるように、世間のいう「適齢期」を女性の二〇歳代前半から後半あるいは三〇歳代に着実に延長した。次に、女性に一方的に課せられる育児期

間というハンディと出産育児コストに対する軽減施策の大幅な遅れと政策上のミスマッチから、結果として晩婚化と非婚化を防止することができなかった。こうして、合計特殊出生率の大幅低下というしっぺ返しを日本社会は受けてしまった。

どの地域でも、中心市街地の衰退、若者人口の減少、事業所数の減少、地方財政の悪化など、地方を疲弊させている要因が指摘される。近い将来、首都圏も含めて人口減少社会が到来し、やがて地域社会の運営もままならなくなる状況がやってくるという悲観論も蔓延している。

トータルとして人口が減少しているのだから、事業所誘致などの「人口取り合い」ゲームが全国至る所で開始されている。人口のフローを無政府状態にしておくと、「勝ち組」と「負け組」の二極分化から、やがてどこも人口減少という「すべて負け組」に変化する。現在人口が増加中の東京圏に代表される「勝ち組」の地域が、人口再生産に十分に貢献していないからだ。

このような人口減少が継続する時代には、「引き潮」のように空間的にも時間的にも人口とともに、かつて存在した需要も消えてゆく。都心回帰という人口逆流で、郊外団地や空きスーパー、廃校となった校舎や修理もされていない道路や橋などの公共インフラが、まるで潮で運ばれてきた貝殻や小石のように郊外に残される。なにも限界集落は中山間地だけに存在するのではない。高度経済成長期に各自治体が「右肩上がりの経済」を信じていっせいに造成し、販売した交通アクセスの悪い郊外の多くで、人口が高齢化し限界集落化しつつある。中心市街地の空き店舗だけが不良資産化しているわけではない。人口減少時代に地域が直面しているこれらの課題は、国や自治体の対策を待ったなしで必要としている。

パラサイト社会の危機

地方経済の停滞が地方の労働市場を極端に狭くし、若者が親世代への経済的依存を強める「パラサイト化」が問題になっている。十分に職が提供できず親の年金と子供のパート代の合算でようやく息がつけるという地域も多い上に、結婚して家族分離することで現在の生活水準の大幅低下が当然予想がつく女性を中心に、非婚という選択をする場合もある。明日の暮らしに困るケースから、当分は大丈夫だが親の資産や経済力の喪失によって突然のパニックが訪れるケースまで含めると、男女とも「パラサイト化」の状況の幅は、案外に広い。しかしどの場合も結婚する可能性の低下につながるから、少子化に結びついてゆく。これは近未来の社会福祉関連の国民負担率を上昇させる。

女性の場合、高学歴化と雇用制度の変化によって人生設計の自由度が昔に比較して大幅に拡大したこと、経済の長期低迷ゆえに、結婚市場におけるミスマッチの発生を伴いつつ社会的圧力が低下したことで、晩婚化による「パラサイト化」が一段と進んでいる。しかし、女性の多くは自分のキャリア形成と子育てが両立できれば、結婚して子供を持つことをむしろ望む。ところが、結婚市場でのミスマッチのリスク軽減、子育て不安の解消、子育てのコスト軽減、キャリアとの両立支援などに対して制度的工夫が日本では非常に手薄なのだ。子育て不安や経済的不安を背景にした子供虐待、底をつかない出生率の低下、待機児童を多く抱える保育園、子育て休業に対する職場の理解不足などが依然解消されていない。公設公営の保育園の維持などは財政的に無理となっている。地域の実情に照らした対策が望まれている。

年々上昇する離婚率に代表される配偶者の離死別にも目を向けなければならない。しかし男女の経済力に歴然とした格差が存在する状態は一向に改善されてはいない。平均的経済的水準は一般世帯に対して母子家庭は三分の一、父子家庭は三分の二であり、離婚を経験したどちらの家庭でも経済的なダメージは大きい。だから、児童手当や税控除などの充実が必要なのだが、財政再建の折、それが困難な状況にある。そのほかに職場環境や子育て時間などへのハンディも大きく、保育制度や学童保育制度、就学援助、育児相談の拡充が望まれる。少子化対策の重要性を考慮すれば、地域福祉の観点から一層の取り組みが必要なのだ。

結婚と育児の間の大きなギャップ

現在は東京圏を中心に人口シェアは増大している。都市規模の増大とともに生産年齢人口比は上昇する。「人口は職を求めて移動する」からだ。この移動する集団は相対的に若い世代で、将来的に人口を再生産してくれることを期待されている。若い世代は教育や就職や婚姻のチャンスも相対的に多い上、いろいろな意味で地元よりしがらみも少ない都会を目指す。

しかし、彼らに期待される人口の再生産を積極的に支援する環境の整備は、大都市ほどいまだ不十分だ。それに彼らへの人口再生産の期待も、都会の人ごみの雑踏と日々の忙しさの中で雲散霧消する。若者たちは、卒業、就職、婚姻まで、数々のハードルを乗り越えて到達する。しかしそのハードルは経済のグローバル化で年々高くなっている。高卒以下の労働市場はタイトなままだし、就職できない大学新卒者の増加、またフリーターや第二新卒といわれる三五歳までの「再チャレンジ組」もいる。どうにか就職し、経済的な安定が保証される年代になり結婚することになるが、晩婚化と「共働き」も現状では出生率にマイナスに働く。都会は職も出会いのチャンスも用意するが、居住と子育ての機会費用を高騰させる。これが人口再生産にとって高いハードルとなる。

バブル期に比べて都会での居住にかかる費用は低減傾向にはあるが、若者が彼らの憧れるライフスタイルにこだわる限り、費用はそれほど低下しない。それよりも、出生とともに停止する、あるいは停滞する女性のキャリア形成システム、そして「待機児童」の問題に代表される不十分な育児支援体制、依然として存在する女性の社会参加の「M字カーブ」、ワーク・ライフ・バランスに無理解な職場環境などがハードルとして立ちはだかる。また家計は所得増加に従って、子供の数よりも子供の質（教育）にウエイトを移す。逆に所得減少で子供の質は低下する。欧米と違い、婚外子に対する理解がない社会風土にあって、婚姻こそが出生へのパスポートである。婚姻率と出生率との間に、ある一定規模でピークを迎える山型の関係が示すように、婚姻率が高いからといって、人口再生産を必ずしも約束してはくれない。大都市を含む都道府県になればなるほど、婚姻率は高まるのに、逆に出生率は下降していることが図8からわかる。

二〇〇七年の東京都は社会増が〇・七二、対して自然増が〇・〇七である。比率にして一〇倍で

図８：大都市は人口のブラックホール

婚姻率（対数）と合計特殊出生率（対数）の関係

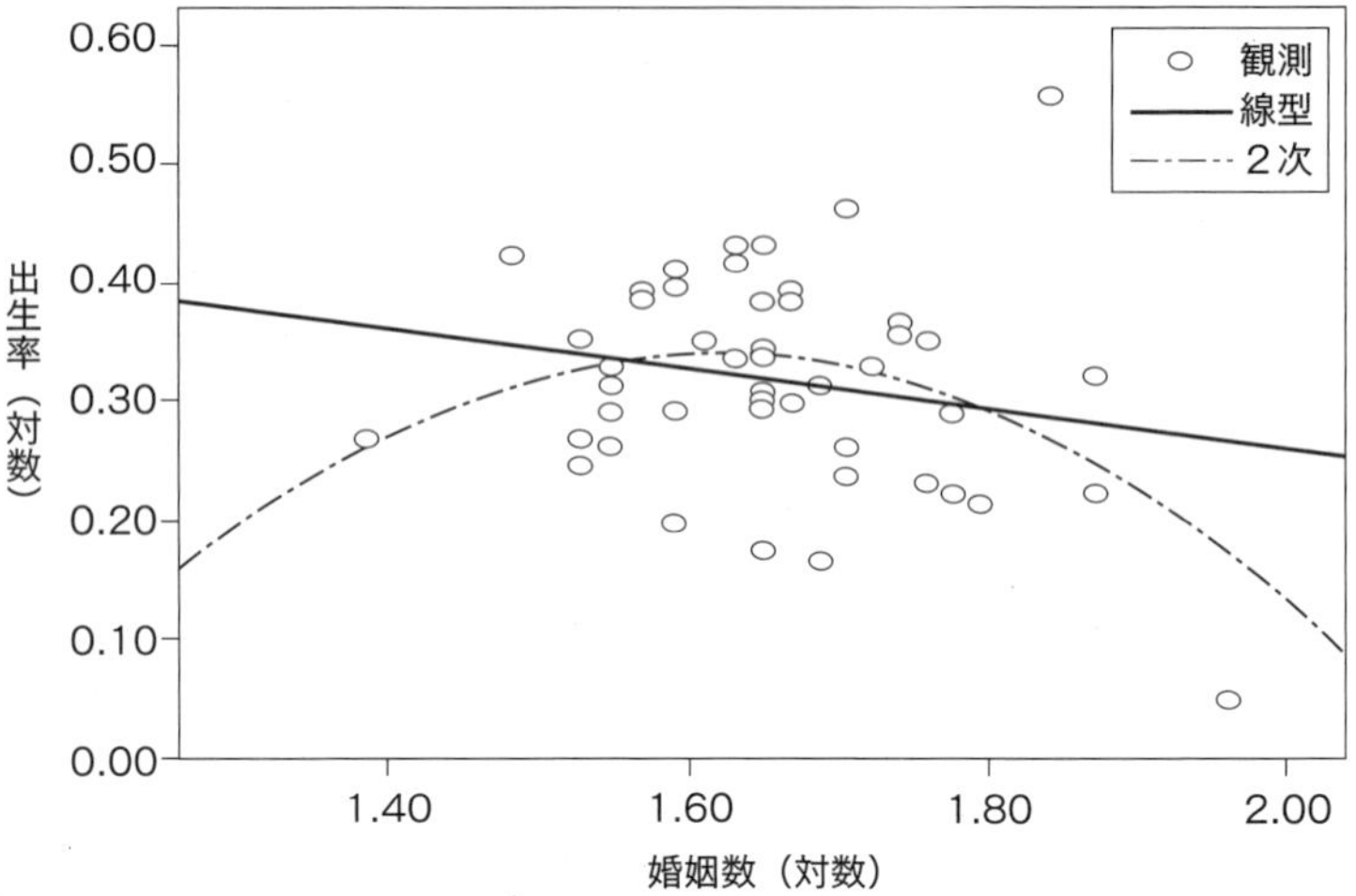

ある。社会増の大半が人口再生産に寄与することが期待される若者層であることに注意を喚起したい。その彼らの人口再生産率は、社会増の大きい都会で低下している。このジレンマをどう克服すべきか。ちなみに二〇〇七年に人口増減率でプラスの地域は一〇都県でしかない。もちろん東京都がトップだ。あとの三七道府県はすべてマイナスである。しかしその東京都も公式推計では社会増が自然減を凌駕《りょうが》できなくなり、二〇二〇（平成三二）年にピークを迎え、その後は減少に向かうという由々しき事態をこのままでは迎えることになる。

そうだとすれば、人口増加のためには婚姻率の高い地域で出生率を高める支援策を重点的に講じるとともに、人口二〇万以上でさまざまな要因で出生率が高めの都市を中心に、若い層が定住するための産業政策をからめた雇用政策が必要である。無為無策のまま時間を空費すれば、東京都でも老年人口比が三〇%を超える時期が早まる。人口は経済ポテンシャルを増加させる主力エンジンであることを今一度確認する必要がある。

都市間競争に揺れる自治体

財政の三位一体化は地方自治の試金石といわれているが、中央省庁の地方へのコントロールが効かなくなると、抵抗する中央省庁も出てくる。全国の自治体が財政力を向上させようと合併に血眼になり、三千三百ぐらいあった市区町村が千八百ぐらいにまで統合されたが、まだ合併の火種は尽きない。自治体の財政は住民や企業の所得と固定資産などに関連する税項目から得られる自主財源と国からの交付金や補助金などの合計額で決まる。しかし、後者は人口などが重要な算定基準になるから、どの自治体も人口減は悪夢というしかない。

ところがこの人口増加に向けたシナリオを多くの自治体では描けないことが頭の痛いところだ。すなわち、少子高齢社会では「年寄りの多い地域は若者が少ない」ので、ある地域は高齢化のスピードがそれだけ速くなり、その分福祉関連の予算が出て行きやすい。多くの若者はお年寄りの近くに住むことをいとわないとは思うが、彼らの欲求を十分に満たしてくれるものが少ない地域が圧倒的に多いので、もっと魅力的で刺激的な都会へと足を向けることになる。どの年代も自分たちと同年代の人が多く住まうところにある種の「凝集傾向」を持ちやすい。中年層を間に挟んだ若者とお年寄りはなおさら離れる傾向が強いのだ。まちの賑わいを演出するには若者が一番だし、まちの将来をデザインするにも若者が必要だ。しかし、年功序列を好む「ムラ意識」から生まれる価値観や行動パターンは、若者にはどうしても相容れないものだ。ここにある種の「心理的みぞ」が両者に生まれてくる。そして経済的にも発言力の強弱にも世代間格差が生じてくると、「若者は黙ってその地を離れてしまう」。世代間の心理的葛藤とともに将来への多少の不安を残しつつ、「老人だけの地域」が至るところにできてしまう。

社会福祉給付が少ない上に、長期的な担税力を持つ元気で創造的な若者の取り合いが、地域間で起こっている。「老人だけのまち」も「若者でごった返すまち」も例外ではない。「老人だけのまち」は、なにも中山間地の町や村だけの話ではない。中核市の中心市街地でも郊外のベッドタウンでも起こっている。世代ごとに凝集した、いわば「モザイク」のような住み方をした地域があちこちに生まれつつある。だから、車で一〇分ぐらいで行き来できる二つの地域で一方では小学校が新設され、他方では廃校が生まれるアンバランスが生まれつつある。この行政上の無駄をどうすべきか、単なる合併などで片づく問題ではない。

ところで、もっと注目すべきなのだが、高齢社会はアクティブな老人の多い社会でもある。一八歳人口が激減し大慌ての大学にとっても高齢者も含めて社会人は「新たなお客様」である。近隣地域の現役世代にはリカレント教育、リタイアしたシニア層には生涯学習という多彩なメニューが必要とされる。一部の自治体では、域内の大学からの応援を得てそのような講座を完備しているところもある。またシニア層自らが運営し利用し合う「地域大学」やコミュニティビジネス連絡会と称するものまで出てきた。しかし、人口の厚みの違いにもよるが一自治体で「地域大学」などを整備し維持してゆくことの費用はバカにならない。

足による投票

地域格差が政治的争点になっている。これを政治の貧困というのか、経済の貧困というのか判然としないが、「地方をどうしてくれる」という怨嗟の声が鳴り止まない。

しかし、「人口は職を求めて移動する」という大原則がある。江戸時代のように、定住が強制されているわけではない。国はともかく都市・地域は基本的に自由に出入りができるオープンシステムだ。開放されたシステムの中に、何かをきっかけとして人・物・金・情報が入り込み、そして出て行く。とくに自由意志を持つ人は、何らかの意図を持って入り、あるいは出て行く。文字通り、「足による投票」を実践する。

筆者は米国を訪れることが「大好きだった」。現在も、仕事の関係で毎年のように訪れる。しかし、九・一一以降の米国行きは少し苦痛を伴った。一回の渡米で複数の都市を回る。何年か前にあの大陸を横断するために飛行機を乗り継いだが、どういうわけか筆者の航空券には「SSSS（ゲートでのセキュリティチェックを念入りに行うべき対象者を意味する）」の忌まわしい記号がついて回った。他意はなくランダムにつけられる記号だと向こうさんはいうが、この記号ゆえに毎回不愉快なボディチェックを受け、余分な時間を取られた。「もう二度とくるもんか」と思った。世界一オープンだと思われていた米国にとって、これは不幸なことだ。あそこまで米国民の寛容性がいっぺんに冷え込むとは。外国人や移民に対する寛容性が米国のパワーの源泉だったことを、米国は理解していないのだろうか。政権が変わって、もとに戻っただろうか、それとも海外からの優れた人材を締め出すような愚を繰り返して、帝国は本格的な黄昏の時期を迎えているのか……。リーマンショック後のいら立ちも気になる。

これと同じようなことを国内の地域は繰り返していないだろうか。移動力を誇るのは、何のしがらみも持たない若者だ。彼らは「より魅力的な場所」を求めて移動する。地方都市ではそれが職かもしれない。マクロ経済の循環により、フリーター・ニートの群れがまだ二三〇万人強残っていて、減りそうにない。企業が正社員への入り口を絞っているからだ。かつて若者の重要な就職口だった地方の商店街も壊滅的だ。首都圏や大都市近郊を除いて軒並み人口が減少している。「地域の魅力」を地域自身がさらに付加してゆくことが、最も重要だ。地域を活性化し「地域の未来」を作る若者を、温かく見守り育てる理解・寛容性・チャンスの供給こそが地域の魅力の源泉なのだ。

国際競争力で揺れる企業

中国やインドをはじめとする新興国への直接投資で、日本の「産業空洞化」がこのところ懸念され続けてきたが、どうやらそれも国際競争力の点から杞憂に過ぎるような気配でもある。しかし、課題がないわけではない。首都圏はともかく依然として地方経済の低迷が継続しているのだ。

おそらく四、五年前よりも様相が変わってきつつあるとはいえ、やはり繊維や一般機械といった産業では国内製造コストの点でグローバル競争で不利なため、中国やＡＳＥＡＮを中心に海外に生産拠点を移してしまう例が多い。しかし昨今、研究開発型の事業所は国内回帰の傾向が次第に鮮明になってきつつあることも事実だ。生産工程のモジュール化で国際的水準分業も一段と進展している。すなわち、ある技術水準までのモジュールは外国でこれまでのように処理し、それ以上は国内と一部の先進地域で、というやり方が増えてきている。しかし、この国際分業も外国の技術水準のキャッチアップ体制のスピードによって線引きが刻々と変わってくることは必定。したがって、国内の企業群は国内空洞化によって着実に減少する。取引を確保したり、逆に増加させるためには勢い高付加価値な製品へのシフトや研究開発や製造ラインの一層の効率化への努力が必要になってくる。しかし、それに必要な人材が国内で十分育っているのだろうか。

このように、グローバル化の進展で不断の企業努力が必要となり、多くの企業はフルセット主義あるいは自前主義を捨てて外部能力への依存も検討する時期に入った。一つが大学との産学連携であると考えられ、唱えられ続けてきた。しかし、これは本当だったのだろうか。米国でも「シリコンバレー神話」がそろそろ終焉を迎えつつある。日本も、産学連携についても、その活動領域についても、抜本的な検討をする時期にきている。

地域が魅力作りに本格的に取り組む時代がやってきた。大学をその場に参画させるべきだ。大学は本質的に、いつでもどこでもの「ユビキタスなお助け隊」だ。どこの地域にも入り込み、ユニークなアイディアと活動的な学生たちを供給できる。そして、地域の文化や芸能、環境を材料として、地域の人たちと一緒になって地域の魅力作りに寝食を忘れて没頭できる。これらの活動の教育効果に着目した文部科学省の支援も始まっている。地域格差がいわれている今だからこそ、官民一体となって「地域おこし」に邁進する時期なのだ。第七章でもっと詳しく議論する。

処方箋は事業所の増加

現在、東京、横浜などの首都圏大都市の活況をよそに、全国的傾向として京阪、東海などどの都市圏もひところの元気がなく、火が消えたような様相を呈している。だから「東京一極集中」といわれるように、比較的若い世代を中心に首都圏に向けて人口移動が止まらない。人口移動を「経済的チャンスを獲得する」ミクロ的合理性から正当化することは容易だ。しかし、いったん発生した都会への移動が成功しない場合、かつてのようなUターンやJターンといった修正を容易に受けてくれる地域が大幅に減少していることの問題を放置することはできない。「片道切符のみ」の移動は、着実に移動元の地域社会の活力をそいでしまう。人口は需要と供給の量と質を時間を超えて決定する重要なファクターだ。移動する人口が情報もアイディアも、経済力も、そしてとくに若い世代の場合は次世代を準備する可能性をも、根こそぎ移動させてしまうからだ。

かつても今も中心市街地の商店街は地域経済のショーウインドーであり、二〇年ほど前までは若者の主要な雇用吸収先の一つでもあった。「商業統計調査」によれば、一九九九年から二〇〇二年にかけて一〇万店余りが廃業した。年に三万店強が、現在も閉店していることになる。どこの商店街、繁華街も商店街の七〇％近くが衰退、または衰退の恐れありの状態だという。空き店舗率が全国平均で九％近くに達している（二〇〇六年度の商店街実態調査）。また繊維産業などを中心に全国有数の産地が消滅の危機に瀕している。往時には若者の雇用吸収先だったが、今の商店街も産地もその機能を失いつつある。若者の地方離れの一端がそこにある。待ったなしで、首都圏や大きな人口を要する地域以外を除き、地域活性化の可能性について検討する分析と議論が必要なのだ。

人口は職を求めて移動する

「人口は職を求めて移動する」のだから、事業所の誘致育成が住民を引きつけ財政を豊かにする近道であることを、どの自治体も知っている。知っていることと実行することとは断じて同じではない。現実はそれほど甘くはないからだ。

どの人口規模の地域でも事業所数は軒並み減少傾向にあるが、減少率が比較的軽微なのは行政人口が五万から一〇万規模のところ。事業所数と住民基本台帳人口の相関が高いのは人口五〇万以上の大都市だ。事業所は着実に人口を引きつける力を持つが、大都市では当然のごとく存在する集積のメリットでその効果は補強される。現在の集積のメリットは、スケールメリットを求める量的な空間的集中よりも、むしろ多様な業種の空間的集中に依存する。新鮮な情報の発信と受信と、編集のプロセスを通じたネットワークを利用したリスク分散とイノベーションが、その本質だ。リスク削減のために有用な情報を利用活用できる地域に、新たなビジネスチャンスも多く生まれる。そこに人口を引きつける要因が出てくる。大都市圏はその分有利になる。

人口の流動性は地域の景気に存在する緩衝力、耐性、ビジネスポテンシャルに左右される。景気が多少上向けば核都市を中心に緩衝力、耐性、ビジネスポテンシャルが比較的回復してくるため「県内移動」の割合が高くなる。しかし景気の低迷が続けば緩衝力、耐性、ビジネスポテンシャルが全国的に高い地域に注目が集まり「県間移動」の割合が高くなる。まさしく「人口は職を求めて移動する」のだ。したがって、現在の経済状況では東京一極集中の傾向がどうしても出てこざるをえない。

近いうちに、「より少なくなる若手世代の人口」を地域で取り合いする時代がやってくる。移動力のある若手は魅力的な地域に移動する意欲も能力も高い。とすれば、各地域は事業所の立地を進める手立てが必要だ。その一つが大学とがっちり手を握ること。つまり「我々の大学の知を活用してくれ」という声を引き出すことだ。そして大学が魅力的になり、若者が全国から集まってくれ、そこで就職し、そこで結婚し、そこで子育てをしてくれ、そして地域社会の中核として頑張ってくれるというシナリオの実現を目指すことができる。若者の吸引力としての機能を大学が担ってくれることを、自治体は望んでいる。

「人口は職を求めて移動する」という極めて明解なミクロ合理的傾向法則がどこでも成立するか

ら、事業所誘致や新設で雇用吸収先を作り、地域活性化の弾みをつけることが喫緊の課題となる。景気動向と有効求人倍率とは際立ったタイムラグを置かずに密接に関係する。同時に人口流出入率と有効求人倍率も密接に関係する。有効求人倍率を上げ続けるためには、事業所誘致や新設が不可欠だ。したがって、各地とも誘致合戦がヒートアップするのは当然だ。

もっとも、事業所誘致や新設がどのような地域でも活性化の処方箋として普遍的かどうかについては、注意深い検討が必要だ。それぞれの地域にとって有効でない処方箋は何の意味もなさない。その処方箋がどの人口規模の地域でも統計的に成立する関係か否かに注目した統計分析をここで行う。まず、「合併完了前」の二〇〇五年時点での全国一八〇五地域（東京二三区、全国政令市の区はそれぞれ統合し一地域にした。都下多摩地域の市町村はおのおの一地域とした）を、五千人未満（二二八地域）、五千人から一万人未満（二六七地域）、一万人から三万人未満（五〇五地域）、三万人から五万人未満（二六五地域）、五万人から一〇万人未満（二七七地域）、一〇万人から二〇万人未満（一五〇地域）、二〇万人から三〇万人未満（四〇地域）、三〇万人から五〇万人未満（四五地域）、五〇万人以上（二八地域）の九区分して、個々の区分で推計すると同時に全国一本でも推計を行った。

分析が示唆すること

使用する変数は、事業所数の増加（事業所統計の民間事業所数二〇〇四年と一九九九年の比率の対数）、人口の増加（国勢調査人口二〇〇五年と二〇〇〇年の比率の対数）、一人当たり課税所得の増加（二〇〇

表３：事業所数の人口増加効果
事務所誘致や新設などの効果に関する推計結果（2005年）

具体的な効果 副次的な効果	人口増加	所得増加	純流入	店舗数増加	所得増加	地方税増加	人口増加
５千人未満（228）	◎			◎	◎	◎	
～１万人未満（267）	◎	◎	◎	◎	◎	◎	◎
～３万人未満（505）	◎	◎	◎	◎	◎	◎	◎
～５万人未満（265）	◎	◎	◎	◎	◎	◎	◎
～10万人未満（277）	◎	◎	◎	◎	◎	◎	◎
～20万人未満（150）	◎	◎	◎	◎	◎	◎	◎
～30万人未満（40）	◎	◎	◎	◎	◎	◎	◎
～50万人未満（45）	◎	◎		◎	◎	◎	◎
50万人以上（28）	◎	◎				◎	◎
全　体（1805）	逓減的	逓増的	逓減的	逓増的	比例的	逓増的	逓増的

（注）カッコ内は都市数、◎は統計的に高い有意性（F検定で５％有意水準と符号条件を同時に満たす）があることを示す

五年と二〇〇〇年の比率の対数）、人当たり店舗数の増加（国勢調査人口当たり小売店舗数の二〇〇五年と二〇〇〇年の比率の対数）、一人当たり地方税の増加（国勢調査人口当たり地方税の二〇〇五年と二〇〇〇年の比率の対数）、流入人口超過（国勢調査の流入人口と流出人口の比率の二〇〇五年と二〇〇〇年の対数値の差）の六変数であり、一次式モデルと二次式モデルで推定した。二次式モデルは、全国一八〇五地域の統合データセットにして、説明変数と被説明変数との関係が逓増的か、逓減的か、あるいは一定かを検討するためだ。

分析結果表（表3）から、

①事業所数の増加がどの地域でも満遍なく人口増加を保障することがわかるが、効果は大都市地域になるほど逓減的になることが示された。事業所数の増加はまた住民一人当

たり店舗数の増加に対して、五〇万人未満までの地域で逓増的な効果を持つが、人口五〇万人以上の大都市に対する効果を統計的には確認できなかった。郊外に林立する大型ショッピングモールの影響をかわし、地元密着型の手堅い商売を得意とする狭域型商店街や大都市に見られる広域型商店街の健闘が、雇用吸収力を維持してくれる。さらに事業所数の増加は一人当たり課税所得の増加に対しても三〇万人未満までの地域に対して比例的効果を持つが、人口三〇万人以上の都市に対しては統計的には確認できなかった。

② 事業所の増加で「普遍的に」約束される人口の増加は、地域の人口規模に対して一人当たり課税所得を逓増的に増加させる。ただし、人口五千人未満の地域には効果が統計的に確認できなかった。また、人口流入超過に対しては五千人以上から二〇万人未満の地域でプラスの効果を持つが、「人が人を呼ぶ」という効果は地域の人口規模に対して逓減的である。人々が生活する都市やまちといった空間は、人口規模に沿ってある規模までは都市としての魅力を増加させるが、ある規模を超えると居住費や食費などもろもろのコストが加味されるから、右下がりのU字型の費用曲線を描く。

③ 一人当たり課税所得の増加は人口増加と双方向の関係を持つ。と同時に自立的財政力を示す地方税をどの地域に対しても増加させるので重要な目標値でもある。事業所立地に裏打ちされた住民の所得増加の効果が地方税の増加に対して逓増的に連動する。

以上の統計分析を通じて、新設、誘致も含めて事業所の増加が引き金になって人口増加の誘因を作り、人口増加が地域内の経済的チャンスを作りだすことから住民の所得を上昇させ、所得上昇が地域内外に対して需要を喚起し、新たなビジネスチャンスを作り事業所を活気づかせ、それが「人が人を呼ぶ」効果をもたらすといった累積効果を発生させることがわかった。このメカニズムを活用する処方箋が人口規模で区分したどの地域レベルでも「普遍的に」有効であることが統計的に確かめられた意味は大きい。

自前主義で活性化

問題は、地域活性化の処方箋としてどのレベルの地域でも有効な事業所増加をどのように実現するかだ。

確かに、外部からの誘致も重要だ。しかし都道府県レベルでも市町村レベルでも全国各地で各種の優遇策を講じた誘致合戦が展開されている。限られたパイを奪い合うだけでは十分ではない。また外部からの誘致だけでは、環境変化で撤退という可能性も否定できない。かつて産業空洞化が大問題になったときの経験が教えてくれるように、大型物件であればあるほど撤退のリスクは地域経済を揺るがすほど大きくなる。

だから都市問題の専門家であるジェーン・ジェイコブスの「地域の発展（の本質）はドゥー・イット・ユア・セルフ（自立的なもの）である」という言葉は重い。地域の特性を生かした地道な事業所の新設やニーズの掘り起こし、地元行政の人・物・金による手厚い支援が重要なのだ。事業所規模の大小もだが、地域の個性や多様性に富んだ事業所の増加こそがキーポイントになる。

その際に地域固有の産物に新しいアイディアを組み合わせ、技術的知見を加味した「イノベーション」が重要になる。例えば、観光と組み合わせながら地元の食材を活かす道の駅や食材センターの活況は、大型のショッピングモールの活況とは一味も二味も違っている。成功させるには、「よそ者の目」も必要となる。「地元の目」では再発見できなくとも、よそ者との協力でうまく事が運ぶケースも多い。また、「よそ者の言葉」でようやく気づく場合もある。

さて、少子化、高齢化が進展する中、地元のニーズに地道に応える「算盤勘定《そろばん》」を考慮したコミュニティビジネスの感覚が今こそ必要な時代はない。また、地域の課題に積極的にコミットしようとする大学を中心とする産官学連携も重要だ。「地域は教材の宝庫」だから、学生を積極的に地域に出し、学ばせ、愛着を持たせ、誇りを持たせる。若者の目を大都市に向かわせるだけでは、大学にも地域にも明日はないのだ。

地域主権の最優先課題

高度経済成長の実現で自信をつけた「右肩上がりの経済」を前提にした、「国土の均衡ある発展」というグランドデザインは、グローバル時代にそぐわない高コスト社会を作り出したため放棄された。しかし、それに変わるグランドデザインが国民にいまだ提示されていない。

高度経済成長も「国民所得倍増計画」をはじめとして、成長下支えのメッセージが政府から示されたことで実現した。実証分析から、地方が独自性と自立性を持って自己主張しなければ次世代を準備する若者をつなぎとめておけないし、人口再生産力が減速したままの東京に人口が一極集中することが指摘される。首都圏以外で進む地方の雇用吸収力の減退がもたらす人口の一極集中が、日本の人口減少を一層加速化する。現在直面しているこのジレンマ状況からの脱却なしに、明日の日本の姿は描けない。

よく勉強し、グレードの高い高校から都会の銘柄大学に入り、卒業後大企業や中央官庁に入り、競争に勝ち残る可能性を秘めた全国各地の人材を、東京に抽出する「出世モデル」で、日本は世界のトップクラスの経済大国に上りつめた。しかし明治以来の発展モデルもグローバル化の進展で制度疲労を起こしている。人生八〇年時代を見据えて再デザインすることが必要だ。「地方から中央へ」という一方的な人口の流れを変え、「第一次産業から、第二次、第三次産業へ」という直線的な流れを変える必要がある。もっと多様な人口の流れや産業の組み合わせが可能だ。そして働き方、学び方、住まい方、生き方を国民一人ひとりが認めあい、支えあい、実現しあう形に誘導しなくてはならない。その意味では血気あふれる有為な若者たちに希望を与え、彼らを地域で育て上げる包容力をもっと地域社会が持つべきだ。また地域の若者に自立性、多様性、積極性を芽生えさせる教育支援策を中央も地方ももっと本気になって用意すべきではないか。具体的には二〇万人以上の都市を核として周辺地域の行政が広域連携することへの法的・予算的措置や、住民自身の互助的コミュニティ活動を継続させるための支援策などである。それが地方主権実現への最優先課題である。

広域連携を選択した多摩地域

「政治は一寸先が闇」とよくいわれるが、近頃は地方行政もその例にもれないかもしれない。「平成の大合併」で、三千二百余りの市町村はそれこそ「あっという間に」一八二〇に集約された。誰がこのなだれ現象を予期しただろうか。こういった「予期しない出来事」に備えるという至難の業をこなすためには、常日頃からの知的訓練が重要だ。そうでないとパニックを起こす。あるいは対処療法に終始して、とんでもない政治選択をする場合があることを世界の歴史が教えてくれる。だからそれを回避し、洗練され成熟した議論と政策決定を実現するには、想定外のシナリオも準備しておくに限る。その一端を、東京西郊の多摩地域の状況からあえて例示してみる。

大多数が大合併に走っているときに、なぜか多摩地域はそれを素通りした。そのかわり、多摩地域二六市の調査研究団体である東京市長会から、九回目の政策提言「広域連携の勧め」が二〇〇六年一一月に公表された。二〇〇六年現在、広域連携が一四九件である。うち一三件は加盟する全市が参加する連携である。そして件数が多い順に、多摩川、野川、境川などの流域の環境や治水をめぐる連携、次いでごみ焼却や緑地保全などの環境をめぐる連携、中央線立体化や圏央道連絡道路整備など交通をめぐる連携、業務核都市や流域下水道などのまちづくりをめぐる連携、地域保健事業など保健福祉をめぐる連携、土地区画整理事業など行政事務をめぐる連携、図書館相互貸借など施設等相互利用をめぐる連携などがある。また新たに一八項目の広域連携を模索し、実効性を高めるための助成制度創設を謳《うた》っている。

広域連携への意欲的な姿勢は評価できるが、東京全体の中では、連携の成果について「どうもインパクトが弱すぎる」という声が一部にある。広域連携の試みはそれぞれがかなりユニークだが、残念ながら地域間での温度差からか「点に終始し、線につながらない」からだ。

地域はオープンシステム

グローバル化と少子高齢化が一層進展する中、本当に多摩地域は合併を回避でき、各市ともこれからも安泰なのだろうか。次の時代を見据えたシナリオ作りを筆者が勧める理由の一端が、この疑問だ。税収と人口は密接につながるので、二〇〇五年の国勢調査人口に着目して考えてみる。

世田谷区が八四万人でトップ。都下の市でトップは八王子市の五六万人、二三区も含めると都内で六番目だ。上位から二〇位には他に町田市、府中市、調布市が入る。ちなみに一〇万人以上の市は上記の市を含めて一七市だが、二三区では一〇万人に満たないのは中央区と千代田区のみだ。しかし、夜間人口はまだしも、昼間人口で見ればその二つの区合計で軽く一五〇万人は超すから、都下の一〇万に満たない市とは根本的に異なる。

基本的に「地域はオープンシステム」だから、人は魅力を求めて自由に移動する。それがさまざまな要因を伴いながら税収に反映する。一九八〇年から九五年にかけて周辺部に移動してきた人口が二〇〇〇年頃から再び二三区に逆流しだしたのは、魅力の点で都下の市地域が劣勢に立たされたからだ。昼間人口と夜間人口の乖離《かいり》がはなはだしい都心部とは違い、都下の市地域では両人口の乖離幅はそれほどでもない。まさしく当該地域の魅力が反映した人口増減と考えてよい。

一九九〇年から九五年にかけて区部で人口減を記録したのは二三区のうち二一区、対して多摩地域では三〇市町村のうち四市町村でしかなかった。ところが、二〇〇〇年から〇五年にかけて区部での減少は一つもないが、多摩地域では四市町村で減少している。もう一つの変化は八王子、府中、町田という大規模市への一貫した人口集中である。大規模なニュータウン開発や駅前開発などによるマンション建設等の結果ともいえるが、居住選択は行政などが提供する教育や環境、そして交通利便性など都市サービスの水準にも当然影響される。

では、多摩地域の場合、一人当たり課税対象所得や財政力指数などから見て、行政人口規模としてどれくらいが適当か。筆者がざっと推計した結果、二五万から四〇万人程度となった。多摩地域全体で四百万人ぐらいだから、均等な規模で案分すると自治体数で一〇から一六－一七の間に納まる。またさまざまな行政実験に耐えうる体力を持つ百万人規模の核都市を、例えば「多摩ニュータウン」を抱える市同士が合併して作ることも考えられる。複数の核都市で形成された都市構造の誕生で、「より洗練された」競争が都心との間で展開できる。さらに災害などのリスク分散や、都市間階層性を加味した場合の都心に対する居住選択の自由度の点で、プラスの効果をもたらす可能性も高い。行政圏域の拡大を情報通信網と交通網の発展が下支えする。この破天荒なシナリオはさて置くとしても、多摩地域は今まで同様広域連携で十分やっていけるのか。さらに、広域連携で生まれる相互信頼や学習成果が自治体ナショナリズムを融解し、合併への地ならしとなるというシナリオも想定外か。魅力的なビジョンとそれを実現するための冷静なシナリオ作りが多摩地域のリーダーたちから沸き起こってくることが期待される。

まちづくりこそコミュニティビジネス

東京品川区の主だった各商店街をつないで行われる、定員三千名募集の「三千店舗のお宝発見。つまみ食いウォーク」というイベントを紹介する。全長一〇キロのコースで、スタート地点は三カ所で参加費無料だ。ルートになる商店街のお店がつまみ食いの材料を提供し、参加者に対しておもてなしをする。「おかげ参り」の現代版かもしれない。普段お客の入りがまばらで、『もう店を閉めようか』という気持ちだった商店主の店に、イベント参加者がたくさん立ち寄っていろいろと尋ねてくれたという。何も買わないで行く人も多かったが、それでも大勢の人が訪ねてくれたことで、「店を閉めなくてよかった」、「商売の実感が久しぶりに湧いた」という感想も聞いた。

商店街は、もちろん売り上げを伸ばすことも大事だが、それよりも大勢の人がやってきてくれることのほうがもっと重要なのかもしれない。これは、バリ島での筆者の経験とも一致する。あるいは、品川区と目黒区にまたがる西小山商店街が始めた「ミステリーツアー」のイベントも、紹介に値するだろう。

昼間から三味線の音が流れる粋な街であった西小山は、時代とともに取り残された。この街出身の若者でさえ、「こんな街」というぐらいに寂れきっていた。街に一体感を持たせ、住民に誇りを持たせるためのきっかけ作りとして、大学と地元と後に述べる私鉄とのコラボレーションが始まった。私電駅の地下化とともに、二区にまたがっていた商店街の一体化と商店主の意識改革が必要だとして、大量の訪問者にあふれた商店街を実体験してもらうことにした。それが「ミステリーツアー」である。六月の三日間で約千七百人を呼び込んだ。千七百人参加のイベントが、とんと客が途絶えていたこの商店街に与えたインパクトは大きかった。いち早くビジネスチャンスとして千七百人のマーケティング作成を決行した若き商店主も登場して、大成功であった。協力者として参加した学生も、商店主たちの顔つきがこのイベントを通じて変わってゆく様子を目の当たりにして、「まちづくりの醍醐《だいご》味」を実感したようだ。

さて、この二つのイベントとも私鉄の雄、東急電鉄の企画ものでもある。路線周辺の活性化が乗降客数に影響する、そしてそれが企業業績に跳ね返る。このロジックで地域おこし事業が展開されている。イベントでは点から線へ、線から面へというエリアマーケティングの手法も取り入れ、さらに来街者数増加のため空き店舗の再利用の音頭も取る。電鉄の事業規模からすれば本当に取るに足らない事業費ではあるが、イベント効果は費用対効果では目を見張るものがある。これこそ、コミュニティビジネスといえるだろう。それぞれの商店街固有の事情や課題を解決することによって、ビジネス上のメリットを引き出し、単なるボランティアとは一味違った継続的な事業がそこで展開される。地域のネットワーキングが密になることから、新たなニーズも掘り起こされる。「地産地消」が注目を集めているように、地域あるいはコミュニティの支持なくして内需の拡大はありえない。相変わらず外需に依存する脆弱な日本経済のリスクを、国民は今実感している。コミュニティビジネスが明日の経済を牽引する可能性を、誰も否定できないのだ。

流通政策のイリュージョン

地方に招かれて「中心市街地の活性化をどうすべきか」をテーマにお話しする機会を与えられる。東京立川や静岡浜松の活性化のお手伝いをしたことや、八〇を越す大学が集積した多摩地域の活性化を産官学の連携組織『社団法人　学術・文化・産業ネットワーク多摩（略称▽ネットワーク多摩）』で実現しようという活動を展開しているからだ。招かれた先で、定点観測している米国の首都ワシントンの郊外都市の再開発の成功事例やネットワーク多摩の話をするのだが、いつも冒頭に「ただお話を聞いただけで終わらせないでほしい。紹介した事例を参考に、どう実践すべきかを帰りの道すがらでもいいから仲間と考えそして実行に移してほしい」とお願いすることにしている。この願いがどれほど実行されているのか、はなはだ心もとないのが現状だ。

一九七二年に施行され、米国の外圧で平成に入るともろくも崩れ去った大規模店舗法と、一九九八年一〇月に施行された旧中心市街地活性化法との共通点をあげろといわれたら、迷わず期待感のバブルをいっせいに膨らませ、自助努力の必要性を忘却させる「保護政策」の逆機能を伴った「お粗末極まりない流通政策の代名詞」と答えたい。大規模店舗法は、時代遅れの「商店街ｖｓ大型店」の対立図式で作られたため、本来集客機能を担うべき核店舗となる大型店舗を郊外展開させることで、中心市街地の商店街を一時的に保護し、やがて顧客も郊外に吸い取らせる結果となった。さらに、高度情報システムをベースにして「売れ筋商品だけを陳列させた」百平方メートルぐらいの小型店舗コンビニを流通大手に開発させ、全国津々浦々に配置させ、ライバルの新規出店を規制させ既存の大型店舗に安泰を約束する副次効果さえ持った。施行後の二十数年間のうち、大規模店舗法が商店街にとって期待の星であった時期はあまりにも短かった。

その轍《てつ》を踏まないようにと鳴り物入りでできた旧中心市街地活性化法ではあったが、第一世代の生命力は意外と弱かった。期待感のバブルは二、三年でもろくもはじけてしまった。なぜか。

まず第一に、この法律が、地域間競争で敗れ去り消滅すべき商店街や、今まで十分な商業集積を形成したこともない地方の商店街までも対象にし、目的も手段もぼけてしまったからだ。

第二に、計画を作った市町村が、注意深いデータ分析をもとに「現実を直視し、現実的な活性化策を策定する」という地道な作業を飛ばしてしまい、「見果てぬ夢」を追いかける根拠のない楽観主義を蔓延させたからだ。

第三に、計画を作れば「自分の責任は終わった」とさっさと陣地を引き上げた地元行政はもとより、「リスクは犯したくない」とはじめから及び腰の商工会議所や商工会が、まちづくり会社やイベント企画の母体としての「ＴＭＯ（まちづくり機関）」を本気になって育成しようとはしなかったからだ。国の補助金が続く限りは面倒見ましょうというスタンスだから、育つわけがない。

第四に、その惨状を見聞きし、業を煮やして何とかしようとする若手を中心とした「出る杭」に対して、地域社会を牛耳る旧来型のパワーエリートは、「出る杭」を育てたり支えたりするどころか、直接・間接の干渉を開始し、彼らを排除するケースが多かったからだ。

こうして、中心市街地活性化政策への期待感のバブルは、急速にしぼんでいってしまった。そして、「自らの手を汚さなくても、お国が補助金を使って何とかしてくれる」という旧来型の他力本願が蔓延してしまった。若者を中心としたパワーで低迷している状況を打破しなければ、地域の持続的発展はない。中心市街地は地域経済の姿を映す鏡なのだ。ここを中心とした活性化なくして明日の日本経済が明るさを取り戻すことはないということに早く気づき、そのための方策を考えるべきときだろう。

消費者が「王様」になるために

寒い季節は鍋が好まれます。その王様がすき焼きでしょうか。すき焼きには新鮮な卵がつきものです。また、しょう油少々の溶き卵を炊き立てご飯の上にかけて食べるにも、新鮮な卵がいります。だからスーパーの卵売り場を見ると、日付を丹念にチェックしている奥様方をたびたび見かけることになります。外国では、熱を通さない卵料理などついぞ見たことがありません。材料の「新鮮さ」はそれくらい日本では尊重されるから、売る側も買う側も細心の注意を払うことになります。

食品偽装と情報の非対称性

さて、ある時期「偽装」が新聞を賑わしていました。肉、調理食品、菓子などの品質、内容、製造年月日が軒並み偽装とわかり、産地のトップメーカー、老舗、地域名門企業の経営陣が、信用と名声を失墜させました。信用や名声を築くには長い年月と血のにじむような努力が必要ですが、それを低下、失墜させるには、瞬時の一押しで十分です。

ところで、大半の事件は、内部告発という組織のガバナンスのあり方に関連する異議申し立てが発端です。内部告発がなければ、取引先も消費者も「偽装」に気づきませんでした。この種の偽装問題で健康を害した事例が皆無だったからです。

では、何が問題なのでしょうか。消費者が偽装商品に高額な支払いをして、あとから「だまされた」と思う不公平感でしょうか。それとも、本来ならば健康を害するリスクがありながら、幸運にもそれが回避されただけといった根本の解決策の欠如感でしょうか。いずれも妥当性はありますが、それよりも、当事者間の情報の非対称性がもたらす「マイナスの累積過程」がもっと重要なのだと思います。当該商品と関連市場の劣化まで連鎖的に引き起こす可能性が高いからです。

憧れの対象として「いつかはあの商品を」手に入れようと努力する消費者がいます。その期待を裏切らないように、品質には念には念を入れる供給者がいます。これがあいまって「公正な取引」が成立します。

ところが、品質についての情報や知識は圧倒的に供給者が多いはずです。競争で生き残るために、それぞれメッセージやデコレーションの演出も加味されます。そこに参加できない消費者は一見無力な存在に映ります。しかし最終判定の権利は「王様」としての消費者が握ります。供給者が期待を裏切れば、先の内部告発だけでなく、消費経験からの学習を通じて憧れ

偽装と無縁の地産地消

の対象はメッキがはげ、その市場は周りも巻き込んで色あせ、はては消えてゆきます。

　どんな名声も評判もいつかは失墜という鉄則に一心不乱であらがう高級ブランドの努力は、計り知れないものがあります。

合理的無知を解消する情報技術

　いつかは失墜するものなら、早めにそれに手をかして「儲けよう」ということなのでしょうか。「羊頭狗肉」の故事が当てはまる商売が一部ではまだまだはびこっています。それは当該市場だけではなく、関連市場まで傷つけることにもなることに気づきません。

　他方、消費者の求めに過敏に反応し、あるいはそれを逆手に取った商売もあります。消費者の「新鮮＝美味」神話を利用して、商品のライフサイクルを加速化し、販売促進につなげようという目論見です。本来一カ月持つ商品の賞味期限を二週間に、一週間持つ商品を三日にという具合です。

　計画的に仕入れたものが、毎回売り切れれば問題はないが、それは例外的な「神業」です。本来の賞味期限とラベルの賞味期限が一致しない場合、在庫＝産業廃棄物という方程式をたてにして、またぞろ「偽装」という短絡的な告発の対象にされかねません。何のための京都議定書でしょうか。

　ある名物の失敗は、「もったいない」の発想と「儲けたい」という企業としての当然の発想がねじれたままの状態を放置したからです。それを、消費者の合理的な無知（公正な取引を高価格＝高品質という方程式で自分で安易にショートカット）が支えた結果でもあります。

　消費者が合理的な無知の立場を捨て、真の意味で「王様」になるには、ICチップなどを活用した時間と情報に関わるコストの低廉化技術も、必要不可欠なのです。

まちづくりの成功方程式

少子高齢化が日本の大半の地域に暗い影を投げかけている。また、大都市とくに東京一極集中がますます進むと同時に、県庁所在地であろうとなかろうと、全国至る所の中心市街地や郊外に、シャッターを下ろした商店が目立つようになってきた。とくに、中心市街地の賑わいが失われつつあることの意味は重大だ。中心市街地とは、地域経済そのものを如実に表すショーウインドーでもあるからだ。

ひところ騒がれた「国内産業の空洞化」も一段落したとはいっても、研究開発やハイテク産業の立地の増加が主たるもので、三大都市圏を中心とした限定的なものでしかない。だから大幅な雇用増加が望み薄だし、大半の産地はもはや往時の面影もなく、廃業が続いている。「人口は職を求めて移動する」傾向法則を忠実になぞるように、若者を中心とした人口の塊が、大都市を中心とした地域に進学や就職を機会に出て行き、帰ってこない。そして着実に加齢してゆく高年齢層だけが地方に取り残される地域構造ができあがってしまっている。

かつて、中心市街地の商店街を中心に若者の就職先が数多くあった。あの団塊という人口の塊を工場と折半するぐらいの就職先である。その雇用吸収先が、中心市街地の衰退とともに、全国至る所から消滅してしまった。郊外にできた大型店舗があるじゃないかというが、個々の店がかつて雇っていた雇用者の合計と比較すれば、大型店舗の雇用吸収力は一目瞭然の低さだ。情報システム化、

ＰＯＳレジなどの機械化、そしてパート主体を極限まで進めているためだ。そして、激烈な競争を大型店舗同士で展開している上に、スクラップアンドビルドを日常茶飯事化しているから、安定的な雇用先かどうかは保証の限りではない。

中心市街地を中心として商店街を保護する政府の政策や姿勢の正当性は、「少子高齢化」のマイナス面を熟視し、地域の雇用吸収力を回復し、モータリゼーションで不便をかこつ高齢者や育児期とキャリア形成の両立に悩む若い世帯のために「まちを作り直す」という「公共的使命」を実現することから生まれる。間違っても既得権益保護のための商店街向け公的支援であってはならない。したがって、支援や助成対象はある種の基準によって「厳密に選別」されなければならない。この厳しい方針が今まで守られなかったといってよい。では、どのような基準で選別すべきか、マクロ的な環境を概観した上で、「まちづくりの成功方程式」からそれを例示していこう。

ポストメガモール時代に向けて

米国でも「メガモール時代」あるいは開発ブームがあった。一九八〇年から九〇年にかけての二〇年間だ。高速道路網の整備で「郊外へのスプロール」が進み、住民と事業所は「同時に」中心市街地から郊外都市へ吸い寄せられた。新しく造成された郊外都市にはメガモールが「必需品」のように立地していったが、「必需品」ゆえに同じようなコンセプト、画一的なテナント構成でしかなかったので、いち早く若者から見捨てられることになる。今、米国では中心市街地の活性化の動きが進み、街路区が「歩いて楽しいスポット」と若者から見直されてきている。結婚などで独立してゆく若者と離れて暮らす中心市街地の高齢者から、「車に頼らなくても買物できるまちづくり」が歓迎されている。

もはや、メガモール時代から「ポストメガモール時代」に米国は移行したといってよい。だからひところのブームで雨後のたけのこのように建設されたメガモールやショッピングセンターで「生き残り競争」に敗れた施設は、教会や学校や市役所や倉庫に転用されたり、もぬけの殻になって不気味な固まりとなって保安上要注意施設になったり、不良資産化している。

ひるがえって、日本では一九九〇年代後半ようやくメガモール時代が到来した感がある。日本ショッピングセンターのデータによれば、二〇〇九年度の日本全体で二九八〇のショッピングセンターが営業中であり、平均床面積は一・三万平方メートルである。中には臨海部や郊外の工場跡地を使ってできた五万から一五万平方メートル級のメガモールもある。メガモールを含むショッピングセンター新設は、〇七年だけでも八九。うち一万平方メートルを越すのは約七〇%の六六である。五万平方メートルを越すメガモールは、一二である。中心市街地から三、四キロしか離れていない郊外のまとまった土地に、だだっ広い駐車場と低層（ほとんどは二階建て）のモールと周辺にホームセンターやシネマコンプレックスが立地する人工的な「ショッピングタウン」が出現する。他方で顧客がそっくり流れてしまい、対策お手上げとばかりに文字通り「シャッター通り」と化した近隣の中心市街地の商店街ができあがる。

「まちづくり三法」の改正強化で、ショッピングセンターなど大型店舗の郊外出店に対する規制強化が図られようとしているが、他方で固定資産税収入とただでさえ欲しい雇用先確保の点から、「近隣地域での出店は反対、でも当地での出店大歓迎」という総論賛成、各論反対の動きは止まらないのだから、どこまで規制効果が上がるか未知数だ。

ただし、日本ではメガモール時代はいいところ一〇年強しか持続しないだろう。すでに「ポストメガモール時代」を見越して流通大手やディベロッパーは動き出している。例えば、一万平方メートルに届かない中規模モールや利便性追求型中規模スーパーの都心展開や、ネットスーパーなどの開発などである。要は、流通大手などの動きを中心市街地活性化の一助にできないかどうかの検討が必要なのだ。これは誘因作り、誘導政策をどう準備するかにかかっている。だから、新しい動きに対して、官民一体となってまちの存在を十分アピールし、魅力的な環境を整備し、生き残りの意欲があるということを声高に発しなければならない。それを実現するための項目を「方程式」というラベルをつけて説明してゆく。これは、まちづくりは錯綜する利害を調整し、同時に望ましい解を発見するための「連立方程式」であることをアピールしたいからだ。

成功方程式①「船頭は一人でよい」

全国各地の「シャッター通り」と化した目抜き通りの商店街を歩いているとき、常に感じる疑問は、時代の寵児でもあるメガモールと商店街では一体何が違うのだろうかということだ。どちらも、専門店がびっしりと立ち並び、多様な物販・サービスを提供しようとしている。一方はアーケードで、他方はクローズドモールで、雨露がしのげる工夫がしてある。問題は駐車場スペースということだろうか。それも大きいだろう。ほとんどのショッピングに車を使う家庭が増えているし、まとめ買いも多い。子供連れの家族では、ショッピングが手軽な週末レジャーでもある。そして、元気な商店街にとって共同駐車場は「資金力」の点で実に力強い味方だ。しかし、それが本質ではない。

問題は、商店街としてのコンセプトがはっきりしないことだ。大半の商店街も自然発生的に形ができたとしかいいようもないぐらい、性格が不明確だ。そして、隣近所の空き店舗を快く思っていないのに、何もいわない、またはいえない雰囲気が漂っている。隣が頑張っていても、六時近くになるとさっさと閉店して知らんぷりの店主もいる。それに隣近所の店舗は文句もいわない。「一国一城の主」のプライドだけが強くて、商店街全体に対する視点がまったく欠落している。だから総論賛成、各論反対は日常茶飯事で、「お互い様」の互恵的精神のかけらもない。他方、負担の二文字はタブーで、どこからか補助金を持ってくるリーダーだけが偉いという発想なのだ。同一方向に全員のベクトルを揃えるためのコンセンサス形成を用意周到に進める力量のあるリーダーが不可欠なのだが、困ったことに、「船頭多くして山に登る」の状況を打破できないでいる商店街が大半なのだ。

他方、ショッピングセンターなどの大型店舗は、「総支配人一人体制」。どこを商圏と定め、どういった顧客層をターゲットとしてセールスを展開するかを定めて、商品開発・販売から、広報戦略も含めて、実行の責任も明確にしてある。何よりもテナント政策も明確で、目標売り上げが達成されなければ「ルール」通りリノベーションの対象という厳しい制裁が、テナントに突きつけられる。「船頭は一人」体制を作らない限り、商店街を含め、まちづくりは絶対成功しないと見てよい。どの商店街もリーダー作りと世代交代が必要な段階にきている。

成功方程式②「オンリーワンを目指せ」

中心市街地の基本計画書を作成したり、参考にしたりする機会がある。「よくできている、これは実現性がある」という判断を下すのは、そう難しくはない。つまり誰でも理解できる「具体的な」ビジョンとコンセプトと、そしてそれを実現するための理論と経験に裏打ちされた「借り物ではない、考え抜かれた」シナリオと、それを実行に移す戦略と手段が明確に書き込まれているかどうかなのだ。

どこかが「福祉型まちづくり」や「コンパクトシティ」といったら、そちらにわれもわれもと駆け出すのではなく、自らのまちがどのような課題を突きつけられているのかを洗い出し、まちにとっての最大の課題は何かを明確にすることだ。次にその課題を解決するために、どのようなビジョンとコンセプトでまちを特徴づけるかをひねり出し、まちの人たち全員で意識共有し実現のために一団となって努力すべきだ。

往々にして課題整理をしている段階で、あれもこれもと網羅的に課題をあげ、優先順位をつけるところでひと悶着というケースが多い。課題を網羅することが重要なのではなく、最大の課題が何であるかを突き止め、「一転集中型解決」のためにまちの資源を投入し、課題を解決することが重要だ。筆者が調査対象にしている米国のある郊外都市は、地下鉄の延長で駅ができて自動車ローンの組めない低所得者の流入してくることを危惧した。そして流入してくる彼らに速やかに安定した職場を提供することに努力を傾注しまちづくりで成功した。そのまちは「映像とメディアのまち」として全米に知名度を上げることでオンリーワンのまちづくりをねらった。そして重要なのは「成功は成功」を連鎖的に発生させるダイナミズムを含んだまちづくりを演出することだ。まず、最大の課題に対して、小さな成功事例でもいいから作り出し、それを積み重ねて、協力する雰囲気をまちの中に作り出すことが重要だ。それが大きなうねりとなって、まちをすっかり変えてしまう場合もあるのだ。まちづくりとは住民と一体となった「まちの魅力再発見」を手始めに手作りをベースにした「まち育て」でもある。

成功方程式③「データを駆使しろ」

全国、自動車に依存しない「コンパクトシティ推進」一色の感がある。本当にそうだろうか。

一九九八年末に始まった旧「中心市街地活性化法」に対する総務省の政策評価で、大半の基本計画が「データに基づかない夢物語」と結論づけられたことに大賛成である。データに裏打ちされたビジョンとコンセプトが十分に描かれていない基本計画では、中心市街地活性化の活動は漂流する。

今回の「コンパクトシティ推進」も、まちの実情に照らして注意深く検討しないと、生活を不便なものにする可能性が高い。

山間地の多い地域（栃木、群馬、山梨、長野、岐阜五県）のデータをもとに、人口五万人未満の市町村と五万人以上の市とに分けて、二〇〇四年の世帯当たりの自動車台数と小売業年間販売高の関係を分析した結果わかったことは、人口五万人未満の市町村では「ある程度車に依存しなければ」まち全体が立ち行かなくなるケースが多く、データは、「コンパクトシティ」を無理に推進する必要もないし、むしろ自動車で移動を安価にする仕組み作りのほうが重要であることを示唆する。もちろん、五万人以上の市では「コンパクトシティ化を推進すべし」という結果になった。また、中心市街地を中心とする人口稠密《ちゅうみつ》地域の購買力が年々低下気味であることは、現在も継続中のメガモールを中心とした大型店舗の郊外立地と関係していることも念頭に置く必要があろう。

データで一番重要なのは、人口データだ。世代別の人口、休日平日別の人口、市街地郊外別の人口、常住域内外別の人口など多様な位相で切り出して、データのいわんとしているところを着実に理解することが必要だ。人口は需要を作り、供給を支え、賑わいを演出してまちを活性化させるからだ。そして、「人口は魅力と快適さを求めて移動する」という傾向を色濃く語るのは、若者人口だ。まちの将来は彼らの動向にかかっている。

成功方程式④「大学を使え」

日本は進学率が上がり、しかもどの県にも複数の国公私立大学がある。大学は立地産業だ。魅力のないまち、停滞気味のまちにある大学はまちと運命をともにする。大学が持つ知識やマンパワー（学生たちや教員）そして中心市街地に点在する「空き店舗」などの遊休施設を活用しないなら、立地産業としての大学に明日はない。筆者の関係する大学コンソーシアムの設立目的は「地域活性化」だ。都心との地域間競争で劣勢にある地域に立地する大学にとって、地域活性化は死活問題であるし、まちは教材の宝庫でもある。マナーも含め社会人基礎力を培うには、まちに学生を送り出すことが一番

学生参加のまちづくり

だ。まちの人たちが学生を鍛えてくれる。何よりもまちづくりは学際的な課題でもある。法律、経済、政治行政、芸術文化、都市工学、情報、教育などの学問分野を総動員する必要もある。実効性のあるシナリオの作成、それを確固としたものにする戦略手段の確保と活用には、「発想力、移動力、実行力」のある学生たちが必要不可欠だ。彼らにまちづくりの意義と方向性と必要性を伝達し、進んで協力してもらう体制作りを担うのは大学本体であり、その連合体であり、そして旗振り役としての教員である。

従来、ともすれば孤高の存在として地域から畏怖され敬遠されてきた大学。しかし少子化と高齢化の時代を生き抜くために、生涯学習などを通じて地域との共存の重要性を大学も地域も徐々に理解しだしている。これは地域にとってチャンスである。しかし、まだ意思疎通も協働の試みも不十分極まりない。だから、双方との心理的距離の近い行政が橋渡しをする役割は意外と大きい。農産物の「地産地消」がよく議論に上がるが、実は「人」の地産地消ほど重要なことはない。地元にはたくさんの人材が眠っている。機会があれば早く目覚めたいのだ。大学がきっかけを作りだすべきなのだ。大学も社会的責任に早く目覚めてほしい。ここに「新しい公共」の芽生えが始まる。

成功方程式⑤「ICTを活用しろ」

まちづくりを主導する世代の若返りが必要だ。それがUターン、Iターン組でも、よそ者でも構わない。「時代がどう動いていて、まちはこう変わらなければ滅びる」と叫び、運動を起こす「出る杭」を育てなければならない。そのような「出る杭」たち、あるいはその予備軍が全国のあちこちにいる。また、もっと重要なのは、「出る杭」を支えきれる人材の確保だといえる。出る杭をまちの至る所に輩出するには、そして支えるにはＩＣＴの活用が一番だ。ビジネス間のＩＣＴ利用は米国をしのいでいるのに、日本ではインターネットを活用した物販販売は、米国の五分の一でしかない。ここに商機があるという認識が重要だ。また古い商慣習を打破し、地域社会の古い秩序を改革する手段としてＩＣＴの活用は実に有効なのだ。商店街でホームページが活用されている割合はまだ六〇％ぐらいという調査もある。楽天やアマゾンが持つ訴求力に着目してほしい。商店街は大型ショッピングセンターと互角に闘えるはずだ。

さて、前にも述べたように、日本の至る所でＮＰＯが輩出した背景にはパソコンとインターネットの普及がある。インターネットという安価で迅速なコミュニケーション手段が、地球規模で我々の社会生活を根本から変えつつある。この威力をまちづくりに活用しない手はない。まちづくりが、単に商業者のみではなく、住民、地権者をも含む多様な利害関係者の熟慮と対話と合意の上に築かれてゆくとすれば、情報の発信、交換、受信がまちづくり成功の可否を左右する。そして活動主体の継続や交代を媒介しながら、まちづくりのダイナミズムを演出する重要な機能をＩＣＴは潜在的にも、顕在的にも持っている。この重要性に気づき、活用せずに明日に向かうまちづくりの成功は覚束ないと考えるべきだ。

まちづくりに「終わりはない」。まちづくりの過程で生まれるダイナミズムは、まちが未完成だから生まれてくるといってもいい。永遠に終わりはしないまちづくり活動の連鎖から次の展望が生まれる。なぜなら活動が継続する限り、まちづくりに関わるさまざまな主体の組み合わせが変わることも含めて、能動的にも受動的にも係わり合いを通じてまちづくりの当事者たちは意識の点でも行動の点でも変容してくるからだ。ここで示した方程式が個々一本ずつ解くものではなく、込み入った連立方程式である点に惑わされるべきではない。実は案外簡単に解ける「糸口」が必ず潜んでいるはずだ。ただしそれは熟慮と賢明かつ着実な実行プロセスの中に潜んでいるのだ。

「違うから」競っても大丈夫

　五月初旬は、あるミッションで中国雲南省の昆明を訪れていました。中国から東南アジアへの出入り口であり、中国語で「四時如春」、一年中春の花に囲まれた観光地であり、そしてウーロン茶と人気を二分するプーアル茶のいわずと知れた一大産地です。風光明媚な翠湖を中心として豪華ホテルが並ぶ目抜き通りには、至る所、喫茶をサービスとする茶店が軒を連ねます。いくら観光客が集まるといっても、茶店がこんなに集まったら『共倒れしないのか』という疑念がふと浮かびます。

　このような「集中集積」は至る所で観察されます。JR中央線が青梅線、南武線と交差する立川駅周辺は多摩の中心地になりつつあります。その目抜き通りにドラッグストアやコスメの店が軒を連ねています。アフターキャンパスを楽しむために立川に参集した学生たちが私に、「こんなに近い間隔の中で同じような店ができて、過当競争にならないのでしょうか」と尋ねてきました。集積といえば、古書店が多く集まる、おそらく世界一かもしれない神田神保町の書店街が代表でしょう。また青森駅前の複合商業ビル「AUGA」の地下一階のように八〇余りの鮮魚店がひしめき合う様《さま》や、沖縄那覇の国際通りを入った牧志公設市場のトロピカルな食肉鮮魚店びっしりの様を見ても、『こんなに集まって大丈夫か』と思うこともあります。競争でやがて共倒れにならないかと心配になります。

　しかし、それは杞憂というものかもしれません。「決して過当競争ではなく」、むしろ意図しない分業から「多様性創出」という名の深度を高めていることが、容易に理解できます。「つまり、類似の機能が大部分で、関連性もぎゅっと詰まっている限られた空間に位置するとしましょう。彼らは別に相談せずとも自らの儲けを意識するゆえに、ダイナミックに調整を繰り返します。そのことで、価格だけの「過当競争」に陥ることな

古書店は集積することで客を集めている

く、類似度や関連性が高いことによって、暗黙のうちに全体として生産性が高まる「最小限の多様化」が生みだされます。さらにそれを世間や顧客たちも評価し支持することで、より一層の市場活性化と拡大が実現します。

狭い空間の豊饒さ

限られた空間だからこそ、そして重複部分が多いからこそ、情報の処理も交換も瞬時に正確に安価に行われ、結果として、当初の価格分布はバラツキの度合いを急速に収斂《しゅうれん》させてゆきます。しかも、収斂先の価格は、ライバルが多ければ多いほど下限に近くなります。そして、限られた空間ではライバルの数が多いだけ、店の規模は細切れ状態になります。同時に、ライバルの数が多いだけ差別化による多様性発揮で、一人でも多くの顧客を獲得するため努力を重ねます。だから客引きの掛け声がこだまし、相対取引で価格は頻繁に変わります。またその変動が、瞬く間に限られた空間の市場全体に伝わってゆきます。

　こうして、多様性に満ち活気あふれる「魅力的ないちば」ができあがり、ライバル同士が適度の緊張感を秘めながら、相互に「いちば」を維持してゆくことになります。多様性と活気で「市場《いちば》のダイナミックさ」が演出されるのです。

　原油や穀物などの原料高が家計を直撃しています。それで、家計防衛を助ける有効な手段としてPB商品が注目されています。ひところも流通大手を中心にPB商品の開発に挑みましたが、必ずしも消費者の心をぎゅっとつかんでいたかどうか定かではありません。しかし昨今の状況に合わせれば、PB商品の特徴の一つ「安かろう」は、消費者に大いに支持されるはずです。その上、これまで大量に蓄積された顧客データの用意周到な分析に裏打ちされたPB戦略をもとに各社が競争を繰り広げれば、違った意味で多様性に満ち活気あふれる「いちば」作りが演出されます。

　消費者の心をつかむチャンスが到来しました。彼らに歓迎されることから、業績にかげりの見える大型店の再生が始まります。もう一度アダム・スミスの言葉に耳を傾けてみたいものです。

第七章

教育こそが国の主力エンジン

少子化の大波

一九六六年にピークを迎えた一八歳人口は波を打ちながら、減少傾向を見せている。高校進学者数の増加とともに、高校卒業者数はそれより遅れて、一九九二年頃がピークである。

また、大学進学率は平成に入ってから上昇傾向にあるが、それに合わせて定員増を繰り返してきた大学にとって、絶対人口が減少することの「痛手」はかなり大きい。供給量が大幅に増加している（あるいは各大学とも入学定員増の枠を収入源として既得権益化している）のに、人口が減少して需要量が停滞から減少に転じる状況下にあるからだ。すでに大学全入時代に突入している。だから、一八－一九歳の若年層ばかりではなく、性別に関係なくキャリアに悩むヤン

図９：高校生の進路選択の変化

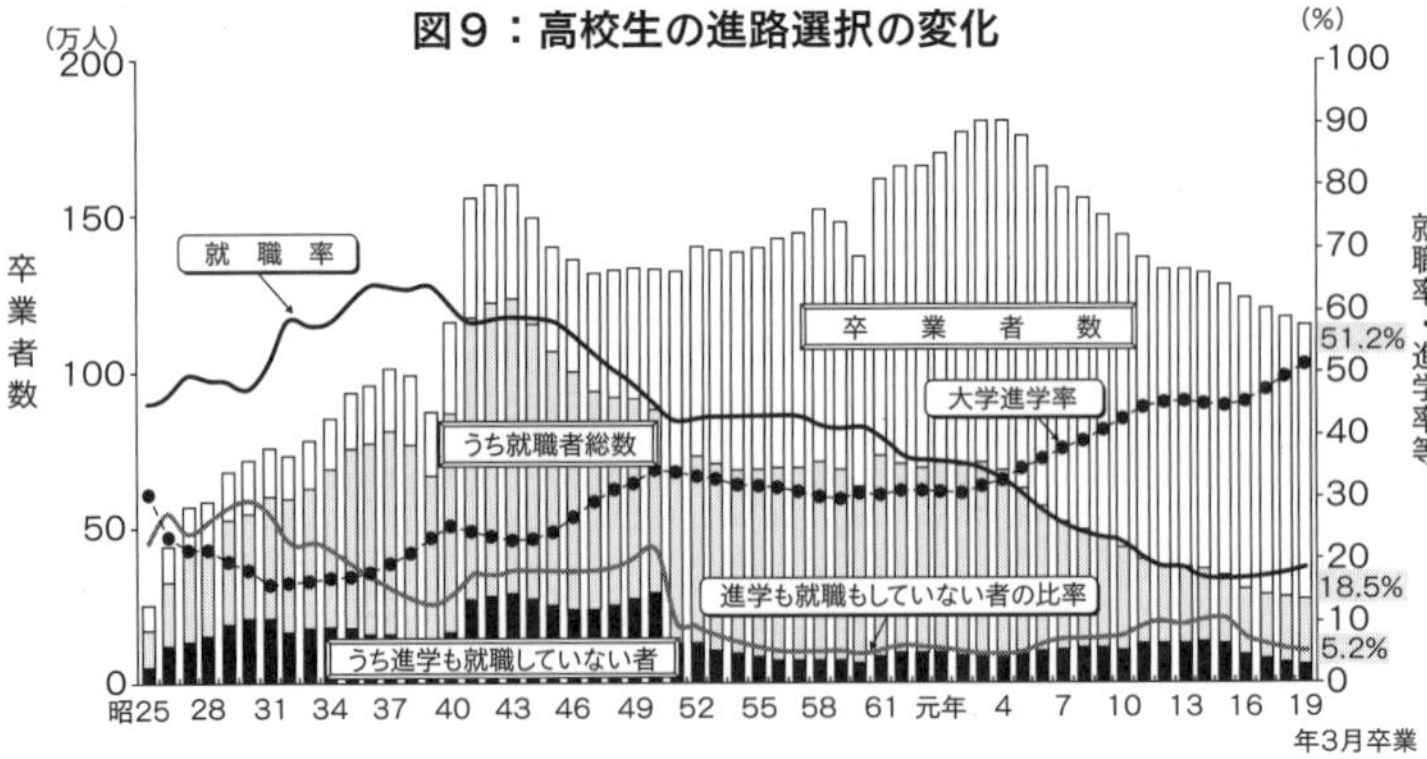

（注）１「進学も就職もしていない者」は、家事手伝いをしている者、外国の大学等に入学した者または進路が未定であることが明らかな者である。

２ 昭和 50 年以前の「進学も就職もしていない者」には、各種学校、公共職業能力開発施設等入学者を含む。また、平成 15 年以前には、「一時的な仕事に就いた者」を含む。

（出展） 文部科学省 HP より。

グ社会人、第二の人生を模索するサラリーマンシニア、キャリアと子育ての両立に悩む主婦などにも「社会人大学院」枠を設けて、需要層を広げる都心展開戦略を各大学とも取り出している。

一八－一九歳の「従来からの主たる需要層」は、首都圏の受験生はいざ知らず、全国から集まってくる場合には、「首都圏の大学＝都心の大学」のイメージで入試に臨む。ところが、指定された試験場が「自分の住む地域よりも田舎」だった場合、若者は勉学だけにいそしむわけはないのだから、「ここって田舎だなー、もっと都会の大学がいいな。入学手続きは止めようか」という選択をしないとも限らない。このような選択の結果から、地価の水準（都心からの距離に反比例する）と学生の入学時の偏差値が比例するという指摘もある。したがって、学業とは無縁な意味での魅力的大学から埋まってゆく「椅子取り競争」が偏差値に反映されるとすれば、地方にある大学は都会の大学との競争で「負ける」と考えることもできる。大学は立地産業なのだ。

揺れる教育現場

いわゆる「霞ヶ関版ゆとり教育」についての世間の評判は、そう良くはなかった。地方分権の時代にもかかわらず霞ヶ関流の中央集権的行政指導で初等中等教育を画一的にしばる目的は、放任すれば拡大するピンとキリの幅をなるべく狭めることだった。だから、きっちり決められた教職課程を履修した学生を試験で採用し、離島の学校でも都会の学校でもクラス定員を管理し、検定を受けた教科書と学習指導要領で教科内容を統一してきた。ところが、世間の批判にもあるように、「ゆとり教育」による初等中等教育の学力低下で、大学教育に支障が出てくるのではないかという危惧が出た。

国際数学・理科教育教育調査（国際教育到達度評価学会、本部▽オランダ）での中学の数学の成績で見ると、第一回目（一九六四年）はイスラエルに次いで二位、第二回目（一九八一年）は一位。第三回目（一九九五年）はシンガポール、韓国に抜かれて三位、第三回二段階調査（一九九九年）は台湾、香港に抜かれて五位。理科についても同様の傾向が見られる。そして一九九五年と九九年の比較では、数学も理科も「好き」と答えた生徒の割合が減少した。一方、三二カ国の一五歳児二六万五千人が対象となったＯＥＣＤの読解力調査（二〇〇六年）で見ると、韓国が一位、フィンランドが二位で、日本の成績は二〇〇〇年では八位、二〇〇三年では一四位、二〇〇六年では一五位と、年々競争力低下傾向が顕著になっている。さらに数学リテラシーでは二〇〇〇年では一位、二〇〇三年では六位、二〇〇六年では一〇位となっている。また科学リテラシーは二〇〇〇年、二〇〇三年とも二位だったのが、二〇〇六年では六位となっている。二つの国際調査だけで日本の初等中等教育に対する評価を云々することは危険ではあるが、国として人材育成のためにさらなる投資を留意すべきだというシグナルとしてこの調査結果を見ることは重要だ。

霞ヶ関流公立校のシステムが間尺に合わないと、日本の多くの親たちは判断した。そこで、都会を中心に、私立校に公立校の何倍もの追加的な費用（塾代、授業料）を払ってまで子息を入れようと血眼になる。ここに私立校と公立校の学力格差も生まれ、大学入試に如実な結果となって現れる。

追加的な費用を支払える家庭は進学競争を乗り切れるが、そうでない家庭は取り残される。韓国も含めて受験熱の高い国、あるいは教育費の高い国ほど、人口の増加にブレーキがかかり、高齢化が加速する。この現実を「ゆとり教育」は悪化させこそすれ改善することはないと、世の親たちは直感的に感じ取った。だから文部科学省に一大方向転換を迫った。

それはそれで正解なのかもしれない。というのは、我々団塊の世代から見ると、着実に学力が低下しているように思うからだ。ある本によると、我々の頃から見ると小、中学校の算数、数学の教科書に載っている計算問題数が「六〇%ぐらいに減っている」とある。また、数学の選択制で、対数などの計算などができない学生もいる。英語の語彙《ごい》数も、筆者と我が家の子供たちでは、断然こちらに軍配をあげることができる。数ある教科書の中には、辞書を引く必要のないように、あらかじめ欄外に単語の意味が示してあるものまである。だから教科書の改善が一部で始まっている。

また、指導書がないと教科書を教えるのに「自信がない」という教員まで現れた。いわゆる指導力不足の問題だ。私立校はいざ知らず、公立校では彼らを簡単には馘《くび》にできないから、児童生徒が犠牲になる。勢い、優秀な先生にしわ寄せが行く。また、公立校では授業妨害になる児童生徒を退学にすることもできない。クラスにいる一人か二人のせいで全体の勉学に支障をきたす例もある。副校長が本来の仕事そっちのけで、手を焼く子供につきっきりという学校もある。

教育投資のできる家庭とそうでない家庭の、意識的なあるいは経済的な格差が上級学校まで履歴し、職業選択の時点での格差を生む現実もある。そしてそれが生涯賃金にも作用しだすと、教育が社会的不平等の再生産の一翼を担ってしまうことになる。

この悪循環の鎖を断ち切り学級崩壊を未然に防ぐために、学生を教職課程履修を前提にせずに送り込むような仕組み作りが、大学にとっては喫緊の課題である。そして、小中高大の教育は本来シームレス、あるいは連続した教育過程だということを、ようやく世間が認識しだした。小学校で十分教科をこなしていなければ、中学校でつまずく生徒が多くなる。中学校で十分教科をこなしていなければ、高校でつまずく生徒が多くなる。高校で十分教科をこなしていなければ、大学では補習授業を余儀なくされる。そして、大学進学まで望めない生徒は、十分な教育訓練を受けてこなかったことによって、社会に出てから悩む場合が多くなる。大学卒とそれ以外の労働市場が「厳然と区別」されているからだ。基礎学力向上が国民的課題になりつつある。

教育の危機

学歴をもとにした階級社会が日本で再現されようとしているという懸念がある。親の状態が子供にそっくり「相続」されつつあるのではないか。親の学歴が子供の学歴に反映して行く、つまりフランスの評論家ピエール・ブルデューのいうように、教育が世代間格差を「再生産」するエンジンになっているということだ。日本でも親の出身や学歴に関係なく、意欲ある子供なら社会階層をどこまでも上昇していける「はしご」が、はずされつつあるのだ。日本社会がいわゆる社会の「勝ち組」と「負け組」、それに「大都会」と「地方」に二極分化しつつあることにもつながってゆく。

教育が長期的に平等に向かっての再分配機能を持つのではなく、かえって格差を助長し、固定化させる機能に変わってしまったようにも思える。これは世界中共通の現象となっている。だからしょうがないということではなく、何とか是正すべきなのだ。

これまで、中学、高校、大学は「教え子たちを社会に送り出すため」に教育内容を改善し、就職指導をし、就職先の斡旋をしてきた。かつて大学進学率が二〇%ぐらいでしかない時代があった。商業高校、工業高校には自分の人生設計や家庭などの事情で大学進学はできないが、やる気と実力のある子供たちが大勢進学した。そして彼らは高度成長時代の一翼を担うべく地域の商店街や地場の工場を含めて実社会に出て行く準備をした。半分にも満たない普通高校の生徒は大学進学を目指し、就職を先に延ばした。したがって、「中卒市場、高卒市場、大卒市場」がうまく機能した。つまり「それなりの」職業訓練と就職斡旋、両機能がうまくかみ合うように学校システムが設計されていた。本格的な職業教育は学校を卒業して職場に入ってからのOJTが主だった。だから、それぞれのレベルの学校が用意してくれるキャリアデザインに沿って、子供たちの進路が決定していった。この図式に対する信頼はおそらく親の側でも高かったといってよい。また、受け入れ側の企業も、それぞれのレベルで決定されている「学校のランク」を参考に受け入れ数を概算し、決定しても大きな狂いなどなかった。

学校のレベル別に用意されたキャリアデザインが麻痺しだしたのは、いつ頃からだろうか。早くて一九八〇年代後半、九〇年代になって本格化したといってよい。情報化とグローバリゼーションの進展、成長経済の終焉、子育て費用の上昇、初等中等教育の荒廃、職業高校の人気低落、大学進学率の上昇も大きな要因だ。そして小泉政権下での「自立型経済政策」への舵切りなどが複合的に作用しあい、リストラもさることながら、とくに若者の労働市場を極端に収縮させ変質させてしまった。結果として学校は二つの機能を喪失し、ニート・フリーターの大量発生という時代を現実のものにした。さらに大学卒業後三年間で三〇％強が転職を経験する現実もある。転職予定比率は景気の悪い買い手市場のとき上昇する。自分の一番行きたい企業に行けずに「やむなく妥協」というケースが増える。または留年と大学院進学へと進むケースも増え、親の負担も増える。ただし、大学卒という「領収証」は大卒労働市場参入への資格切符だから、まだ使用に耐えられる。問題は中卒、高卒の場合で、おのおの転職率は七〇％、五〇％である。先ほどの大卒転職率と語呂合わせで「七・五・三現象」と世間ではいわれている。この学歴格差が問題なのだ。

知力の復権

先に、国際学力競争に負けつつあると、具体的数字で示した。「想像力も自制心も忍耐力も期待されない若者が増殖中、若い世代に期待していない」と皮肉っていいのだろうか。こつこつ計算しなければ数学は身につかない。忍耐力も身につかない。遊びたい欲望を抑える自制心も働かない。そして勉強する先にある「想像力」も乏しくなる。だから、誰とも表面的な付き合い方しかできなくなる。若者たちの投票率がまだまだ低い。これほど冷遇されているのにである。就業率しかり、教育費しかり、住環境しかりであるはずなのに。

低投票率の指摘に対して「投票所にいったってどうしようもないでしょ」というシニカル（冷笑的）な態度を取る若者が多い。有権者の意識の多様な次元で連続する「暗闇空間」の中で、「最も好まれる候補者」の位置を探し出す有権者の「サーチライトの光の長さ」がだんだん短く、弱くなっている。適任者がそばにいても気がつかない。もう一つ近頃気になるのは、「Ｊウォーク」（ひっきりなしに車が通る危険な車道を、歩道でもないのに平気で突っ切る）する人がめっきり増えたこと。これは、若者だけでなく、いい歳をした親の世代にも見られる。かつて米国で暮らしたときに所得階級の低い人たちが集まる地域で見られた光景が、筆者の住まう多摩ニュータウンでも起こっている。何がそうさせるのだろうか。歳に関係なく誰もが「明日が見えなくなってきた」からだろうか。不安や不満からの自暴自棄でなければ良いが。

本来、教育も含めて子供の養育に責任を持つのは「親」のはずだ。ところが児童生徒の不始末に学校長がマスコミに謝る、この社会的不条理をどう正せばよいのだろうか。親を出すのでなく、「他人である教育者に謝らせる」メディアで見る光景は、日本の現状を忠実に反映している。劣化しつつある親世代の再教育が「今こそ必要」なのかもしれない。一九五〇年代からたどれる教育政策の誤りは、「愚かな親」を再生産する過程であり、敗戦を期に二度と敵対しないように日本の長期的没落を確実なものにする「最も効果的な毒薬」ではなかったか、という論調を張る識者もいる。この暴論を即座に否定できないところに、現在の混迷がある。効果がさっぱりのＩＣＴ講習などに

図10：若者の投票率はなぜ低い

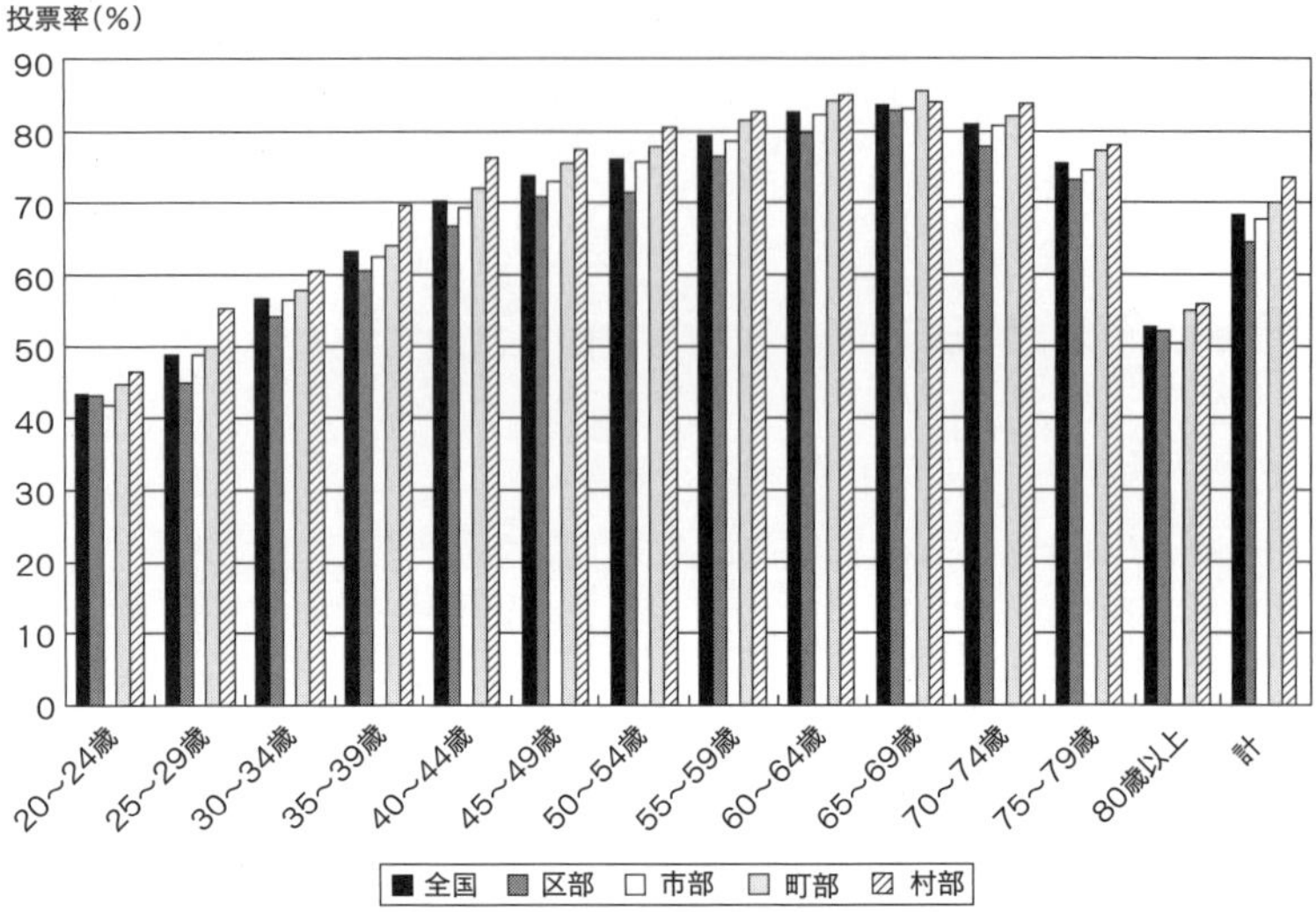

お金をつぎ込むより、人余りの今こそ「生涯教育」で親世代をみっちりしごく必要がありはしないだろうか。しかし、バブル崩壊後のリストラ時代は、親世代の家庭時間をどんどん削っている。日本では時間の貴重さに気づかずに、労働生産性の低下を忖度《そんたく》せずに「会議、ミーティング」にいそしむ会社も多い。「会議が踊る」だけの不毛な時間消費が、日常業務をこなすための残業を強いる。お粗末極まりない労働環境を何とかしなければ、親子で過ごす時間で測る「子育てという未来投資」を実りあるものにはできない。子供より、親、親より経営者、そして世の指導者に対して劣化をくい止めるための再教育が必要な時代ではないだろうか。

希望を供給する「教育」の出番

大量生産、大量消費を前提とした画一的生産で高付加価値が約束される時代はとっくに過ぎ去ってしまった。しかし多品種少量生産の時代だといわれながら、それで潤っている企業がどれほどあるのだろうか。おそらくほんの一握りだろう。潤っている少数の企業でもそれを構成している従業員、取引先に恩恵は行き渡っているのだろうか。若い従業員のサービス残業の増加、下請け先の手形決済長期化、故なき返品強要などの声も聞く。新卒労働市場ばかりでなく中途市場への枠拡大はどうなっているのだろうか。正規労働者の比率は年々低下してもいる。一部大都市圏のみが潤い、圧倒的多数の地域が時代に乗れないでいる。「好況感なき好況」では日本は救われない。

このような現状の中で若者がキャリアデザインを考えていくに当たって、地域社会は何を用意すべきなのだろうか。すでに述べたように中心市街地の空き店舗を活用することを提案した。若者をまちに出すことで、社会人となるべき基礎（挨拶の仕方など）を学べるからだ。それが成功につながるためには、準備段階での教育が絶対に必要なのだ。教育とは教室で座学を教えることだけではない。マーケティング、金銭出納、広報、顧客対応などを体で覚えさせることが重要だ。組織に頼らない、自立心を植えつけさせる、それも早期に。「筆一本で自立する」村上龍氏が『13歳のハローワーク』でサラリーマンを職業としてあげなかったのは、「自立」の対極にある意識をそこに見たからだ。また五一四の具体的職業をあげたのは、「人生行路の多様性と模索の重要性」を訴えたからだ。百万部を超えるベストセラーのメッセージに誰もがうなずいた。しかしうなずくだけでニート・フリーター問題は解決しない。教育の現場で今まで片隅に追いやられていた「実践知」を、若い世代に早く植えつけるべきだ。

「転ばぬ前の杖」を今の親たちは与えすぎていないだろうか。あるときは谷底に突き落とすような試練を与えることも「教育」なのだ。親ができなければ教師が代役を買って出るしかない。筆者はゼミの学生をさまざまなフィールドに出す。責任を持たせる。フィールドに出た学生たちは、地域社会の人に、時には罵詈雑言も頂戴する（らしい）。学生たちの報告を受けて、時には筆者も彼らをしかったり、なぐさめたりする。この繰り返しを就職活動前まで続けている。「先生、書くことがたくさんありすぎて、企業のエントリーシートに書ききれません」という学生が多くなれば、しめたものだ。そのようなチャンスをできるだけたくさん与えてやることが重要なのだ。教育がキャンパスだけで完結する時代は、はっきりいって終わった。

産官学連携を求める時代的背景

大学が社会から孤立した「象牙の塔」と揶揄《やゆ》され、理系中心だが企業との共同研究をする動きに学内外から警戒された時代は、とっくの昔に過ぎ去ってしまった。今や産学連携が花盛りではあるが、それは大学が研究に必要な資金的手当を財政難の国に一〇〇％依存することなどできなくなったこと、またビッグサイエンスなど実験に必要な予算が大学の能力を超えて膨張傾向にあることも原因だろう。また、新たな技術的シーズを自前で発見、創造する力を企業自身が持つことがグローバルな体力競争の中でより困難になりつつあることも原因だろう。

しかし、理系中心のいわゆる「産学連携」と一味も二味も違う連携が、文系の大学も含めて陸続と形成されている。理由の一端を、時代的背景から述べていく。

大学の事情、企業の事情が、産学連携の必要性を増大させている。実際、産学連携を理系の独壇場と考えるわけにはいかない。確かに、研究開発や技術革新の現場では大学の理系との連携は上で見るように拡充してきつつあるが、他方で、文系の大学と、とくに中小企業とのコラボレーションが次第に多くなりつつあることにも注目すべきだろう。例えば、人・物・金の三拍子で十分にバランスの取れていない中小企業を想定してみよう。技術はあるが、営業からマーケティングや経理、広報などに十分に経験を積んだ人材を取り揃えていることはまれだ。そして、技術やアイディアを商品化したもののマーケットで実力を発揮できずに埋もれてゆく企業は、ごまんとある。マーケットの掘り起こしからブランド戦略までの険しい道のりを指導してくれる専門家を、皆欲しがっている。至る所に致命的なリスクが潜み、企業を奈落の底に沈めてしまう「死の谷」が待ち受けているからだ。無数の救いを求める声に応えるのは理系の専門家ばかりでなく、むしろ文系の専門家、あるいは理系と文系の専門同士の中に入って橋渡しができる貴重な人材が必要とされる。しかし、そのような人材を輩出するための体系的カリキュラムは、一部を除いて日本の大学では確立されていないのではないか。複数の専門分野の卒業認定が可能な仕組み作りや、文理融合の高度な教養教育の充実が必要である。

今社会から大学に求められているニーズは、枚挙に暇がない。独創的なアイディアを知的所有権で守りたいと思っても、法律の知識に乏しい場合が多い。あるいは、事業の拡大を計画しても人材が不足している無名の実力企業に学部や大学院の新卒を送り込むには、送る側の大学が送り先の企業を熟知していなければならない。幸運にもビジネスチャンスが舞い込み、業容拡大が現実味を持ち出したとしても、成功するには人・物・金・情報の四点セットが不可欠だ。一つでも欠ければ大きなリスクを背負い込むことになる。専門家を多数擁した大学との日頃の付き合いが、このようなときにものをいうことになる。その橋渡しとして、地元の情報に強い信用金庫など地域金融機関の持つネットワークは、相当な威力を発揮する。産学連携に地域金融機関の信用力と、詳細な地元企業情報ネットワークは必要不可欠なものといえる。

多摩地域への大学の新設ラッシュ

太平洋戦争は東京を壊滅させたが、復興から高度経済成長への歩みは人口の都市集中と六・三・三・四制を基盤とした大学の大衆化を伴ってもいた。一九五二年の大学数は国公私立合計で一三七校であった。それが一九八五年で四六〇校にまで増加した。そして、経済のソフト化により、首都圏が京阪神や中京の二大都市圏を抑えて、突出してきた。ちなみに東京と近郊の三県で大学数全体の三四・一%、東京都だけで二二・二%である。

戦後の大学の増加は第一次ベビーブーム世代の進学率上昇に伴う昭和四〇年代（一九六五〜七四年）の新設ラッシュによる。一九五五年に二二八校であったのが一九六五年には三一七校に、一九七五年には四二〇校となっている。二〇年間で全国二一九二校が誕生したのである。それも、学生が集まりやすい三大都市圏に多く立地した。戦後の文教行政の基本パターンが国公立に比重が置かれ、私立は市場競争原理にゆだねられた結果である。

高等教育機関の大都市集中に対する世論の批判の増大の中で、文部省は高等教育懇談会報告「高等教育の計画的整備について」（一九七六年）をもとに、大学の地域別計画配置計画と新設増設の規制区域を指定した。首都圏の過密状態の解消のために制定された「首都圏の既成市街地における工業等の制限に関する法律」（一九五九年）に基づいて、すでに規制が開始されていた東京二三区、武蔵野市の全域および三鷹市、横浜市、川崎市、川口市の一部などでの大学立地が原則的に制限されることになる。こうして大学の新設あるいは学部新増設は、この法律の規制を受けず、しかも地価が比較的安くて大学設置基準が求める広さを確保できる場所の選定から始まった。だが「東京ブランド」に憧れる学生たちの関心をとらえるため、池袋・新宿・渋谷といった繁華街への電車等を利用しての所要距離が都心から西方半径五〇キロメートル、東方三〇キロメートル圏内が立地の目安となった。

代表例が八王子地区だ。一九八六年、八王子市には大学、短大合わせて二一校が立地した。また、八二の大学および短大が多摩地域に立地している。これは、首都圏では相対的に交通網が都心との間に確保されていたことと、中央線文化人が多く住まうなどから、自然と都心西部地区に大学の目が向いたからだろう。確かに、現在千葉の東部、筑波研究学園都市に代表される茨城などへの大学や国立研究機関の立地がなされてはいるが、立地先のイメージと交通利便性からすれば相対的な優位性が当時の都心西部にあったといえるのではないだろうか。

では、なぜ都心西部の中で多摩地域に大学の立地が集中したのか。理由はたくさんあるが、まず行政の圧力であり、相対的に地価の安い未利用地の存在、そして大学は「立地産業」であるという事実に対する当時の大学経営者の認識の欠如だ。高度成長路線をひた走っていた日本では、人口ばかりでなく、大学の大都市集中も進んでいた。これは欧米の「大学町」の成立過程とは若干異なる。日本では「人が大学に集まり、そして大学町を構成する」というより、大半の大学が「人の集まるところに立地する」。この違いをどう解釈するかが、なおざりにされてきた。大学の将来を決定する重要な要素が、ここに隠されている。

個性化の向こう側

日本は不景気だというが、ルイヴィトンやグッチなどのパワーブランドの健闘ぶりには目を見張る。彼らは、日本の百貨店が集客力を失ったと見るや、さっさと自前のブティックを目抜き通りに確保した。だから、丸の内仲通りも原宿明治通りもマンハッタン五番街もロサンジェルスのロディオドライブも何だか似たり寄ったりの光景になってしまうような寂しい気もしてくる。最近見たハリウッドの内幕をパロディにした映画でも、ティファニーやバカラといった一流ブランドがせりふや小道具に使われ、端役の役者よりも重要な役回りをしていた。

ところで、種類がたくさんあっても、それぞれの品で代表的ブランドは五本の指に余るのはなぜだろうか？　例えば、バッグならルイヴィトン、グッチ、靴ならフェラガモ、時計ならロークス、カルティエ、パテックフィリップ、紅茶ならマリアージュフレール、ボールペンならクロス、万年筆ならモンブラン、などなど。人の評価は皆似たり寄ったりなのだろうか？「たかがモノじゃないか」といったら怒りだすぐらい、モノにこだわりを持つ人が筆者の周りにも結構いる。確かに、ブランドが持つ妖しい魅力、何ともいえない魔力がないといえばうそになる。そのブランド力が今、企業の資産として人材を引きつけ、資金を引きつける。

同様に、ブランドと大学は、かなり密接な関係を持つ。南国で満開の緋寒桜《ひかんざくら》が一足早い春を告げる二月は、大学入試が真っ盛りとなる。我が学部は夏頃から「素質のありそうな学生」を求めて、あの手この手の青田刈りすれすれ戦略を取ってはいるが、「やはりブランドの力は侮りがたい」ことを実感している。学部を受験する母集団の質を上げようと、やきもきしながら合格者数を制限したり、サマーセミナーを開いたり、出前講義をしてみたり、入試用のパンフレットを工夫してみたり、入試科目を変更したり、それなりに工夫してはいるが、思ったように成果が上がらないもどかしさを、いつも感じている。これもブランドの魔力、伝統の壁にいつも粉々にされてしまうからか。卑近な例でいうと、「中央大学は法科」という声に、「いや総合政策学部もありますよ、中央大学は。

それに偏差値でも負けていません」と、高校や予備校も含めてあちこちで吹聴して回ってはいるが、なかなか世間の固定概念を打ち砕くまでには至っていない。「総合政策って、イメージ湧きませんなー」という年配のお偉いさんに混じって、はては「総合政策って慶応の相南藤沢（ＳＦＣ）のことでショ」と平気でのたまう豪傑までいる。かつて、コンピュータをＩＢＭといって改めなかった女性評論家もいた。確かに、大学ブランドは強く固い。筆者の学部は入試の際に併願校を受験生に書いてもらう。そして合否の判定会議では、合格者数を決める際に「我が学部へ入学手続きをするか、併願校に行くか」の予想もする。この予想は九割方当たる。なぜなら、大学のブランド力が厳然として存在するからだ。

さて、ブランドは人を惑わし、幸福感で満たし、その価格の高さまでも「そんなの問題ない」とまで日頃は財布の紐をなかなか緩めようとしない奥様方を狂わせてしまう魔力を持つ。ブランド力は、どうやって作られ、どうやって維持され、どうやって崩壊してゆくのだろうか。経済学のテキストでは、「独占的競争」という言葉がブランド力を云々するときに使われる。「独占的」という形容は、ブランド商品ごとに「固有の」需要曲線が描かれるということだ。だから個別のブランドごとに市場で評価され認知される。つまり、商品が「市場」という一国一城の主となる資格を与えられる。しかし、後半の字句である「競争」という言葉には、「うかうかしていると、内部で首を掻かれるかもしれないし、もっと強大な軍事力を持つ敵の城がある可能性も高いよ」という意味が隠されている。一国一城の主になるためには、「ユニークさ」、「他と区別される、差別できる」という条件が必要だ。慶応ＳＦＣは教育の「ユニークさ」で一つのブランドを確立した。他方、中央大学の総合政策は「政策と文化の融合」を叫び、掲げてはいるが、ブランド力が確立しているとはまだいえない。くやしいが政策系学部の競争市場では「まだフリンジ（周辺）」の域を脱していない。

しかしブランドはまた、海洋を漂う氷河のようなもの。「みんなが評価するから、僕も、私も」となる。だから、ファド（一時的流行）の要素もケインズのいう美人投票の色彩が強い。偏差値でブランド力を量ることは一面的に過ぎない。しかし一応の目安として、偏差値の相対的順位の上げ下げは長期で観測できる株価の変動に匹敵する。一部を除き「昔の名門今いずこ」という具合だ。ルーキーが出、ダークホースも出てきてそれなりに面白いレースが展開するのだが、当事者にしてみればやりきれない。

「大学は立地産業」だと、すでに述べた。モノレールやバスでやってくる受験生は、「なーんだ、東京の大学だっていっても、うちより田舎じゃないか」という感想を多摩地域に位置する大学に持つ。都心にある大学に、これでは負けて当然だ。そこで、多摩地域にある二三の大学の学長が中央大学に集まり、二〇〇〇年一二月に「学長サミット」を開いた。「これまでなかった大学間の連携を積極的に進め、弱さを補強し合い、強さを融通し合いましょう、地域に大学を開放し、積極的に手伝いましょう、多摩地域の活性化に大学が知識やノウハウを積極的に提供しましょう」という学長宣言と、宣言を具体化する組織を作った。ある面では、たくさんの大学のブランド力をそれぞれ融通し合いながら、総体として浮上しようという共通認識がサミットで生まれた。共通認識を大事に育て具体的事業にすることと、個々の「大学の個性（これはブランド力形成の最大要素）」を伸ばし維持することとのいわば二律背反的な試みとして、大学連携による「新しいブランド作り」が全国各地域で始まった。

Teatime

ブランド神話の崩壊？

映画『プリティウーマン』でヒロイン役のジュリア・ロバーツが、いかにも街角の女といういでたちで、ファッションやジュエリーの高級ブランド店が軒を連ねるLAのロディオドライブのとあるブティックに入ったとき、店員は、

「ここはあなたのような階層の女がくるところではないわよ。あなたに売るような商品も置いてはいませんʼ」

と冷たく追い返します。その現実に深く傷ついた彼女は、ホテルの総支配人にマナーを習い、相手役のリチャード・ギア扮するやり手の実業家の「特別秘書」となってロディオドライブを再訪します。セレブのいでたちにふさわしい幅広のつばがついた帽子、彼女の長い首にぴったりフィットするジュエリー、モデルのような肢体にまとわりつく高価な絹のドレス、形の良い足にぴったりくるイタリア製のハイヒール、これら全部が高級ブランドです。ブランド名の入った箱やバッグを持って、先日意地悪した店を訪ね、

「あんたたち、残念ね。私が上得意のお客様になれないと思ったの。大間違いよ」

といって、悠然とロディオドラ

イブを闊歩しました。

　このシンデレラ・ストーリーはジュリア・ロバーツを一躍スターダムに押し上げると同時に、ファッションにうるさい世界中の若い女性を虜にしました。いつの世も東西を問わず、「白馬にまたがった王子様」を若い女性は待ち望んでいるのでしょうか。

　それはともかく、ルイヴィトン、グッチ、ショーメ、プラダ、フェラガモなど「高級ブランド」に熱い視線を送る若い女性は多いのです。とくに日本や韓国、中国の女性はその傾向が強いようです。

　家内工業的なブランドから変身した世界中のブランドビジネスはアジアを一大市場と位置づけ、大量生産と大量広告とともに、「目が飛び出るほどの値札のついた商品」をまるで美術品のように陳列させ、慇懃《いんぎん》にドアでお客をお迎えするドアマンを配置した旗艦店舗を、例えば銀座や原宿の目抜き通

原宿目抜き通りのブランドショップ

りに「ド派手に」出店します。一昔前は有名百貨店のコーナーを大きく取っていましたが、日本はじめ東アジアのおいしい市場を独占しようと、旗艦店舗展開を開始しています。その投資額は三年以内に回収できると踏んでいるから、「おいしい市場」なのかもしれません。

さて、興味深いのは、高級ブランドと景気とは密接につながっています。ファッションに強い一部百貨店も、苦戦気味だといいます。また、円高も左右してか、一部高級ブランドは値下げに走っているという噂も聞きます。

しかし、本物の「セレブ」とは景気に左右されるものではないし、むしろ景気から超然とした環境にいるはずです。とすれば、日本のブランド信者、あるいは「自称セレブ」は、景気の波の上をサーフするだけの底の浅い人種なのでしょうか。プライベートジェットや大型クルーザーを乗り回す「ジェットセット」と呼ばれる欧米のセレブたちは、男のロマンをくすぐる娯楽映画の『007』によく出てきます。

さて、ファッションにうるさい日本の若者たちはどうでしょうか。彼らは乏しくなった財布の中身に愕然とし、そして百貨店ではなくアウトレットに向かいます。

ジーンズにルイヴィトンのモノグラムの組み合わせを電車の車内でよく見ますが、ミスマッチを感じるのは筆者の美的センスが狭量なのでしょうか。

映画『プラダを着た悪魔』は、現代女性の生きざまをうまくとらえて好評でした。ファッション雑誌の編集に携わりたいと入った会社で、ヒロインは雑誌の編集より「わがままで公私混同著しい編集長」のお守ばかり。そして給料の大半をブランド品の購入に回し、自分を見失ってゆきます。最愛のボーイフレンドとのつらい別れも経験します。そして、ブランド品を脱ぎ捨てたとき、本当の自分を再発見するという映画です。

ブランド品の個性が消費者の個性を奪ってゆくパラドックス。「セレブの資格」とは、ブランド品に負けないぐらいの個性と気品と経済的・社会的裏づけだということでしょうか。

偏狭な組織ナショナリズムを超えて

多様な大学の存在を支える個性化とナショナリズムは、一見結びつきそうで、実質的にはそうではない。

大学と自治体の共通項は何かといえば、おそらく「護送船団方式」から脱却していないということだろう。双方とも文部科学省、総務省の傘の中で十年一日のごとく正確な時計のように時間を刻んできた。しかし、それは昔日に許されていた昼寝のようなもの。少子高齢社会は、両者をもみくちゃにしだした。大学の多くが定員を割り、学力低下はなはだしい学生を甘受しなければ経営も維持できない。大学の立地でみると都心対郊外の地域間競争もある。他方、多くの行政は高齢化と離婚率の上昇などで担税力の低下した住民を抱え、産業の空洞化、中心市街地の衰退と地価下落による固定資産税の伸び悩みにおびえている。

フルセット主義を放棄して損益分岐点を低下させ、また受験生にアピールする特色ある活動に参加するため、大学は自らを構造改革し、大学間連携に加盟しようとする。行政は、地域の魅力作りには、大学や産業との連携が不可欠であることを認識している。しかし、連携に対する認識と実際の活動との間には、まだ大きなギャップが存在する。それを生み出しているのが、「偏狭なナショナリズム」なのだ。「我が大学のために、我が市のために、この連携組織はどんなメリットを提供できるのか」といったメリット論に、すぐつなげようとする。あるいは、本籍となる組織と連携組織との利益相反をいい立てる偏狭な認識しか持ちえない関係者も、中にはいる。「広域多摩のために、首都圏のために、我が国の教育のために」という気概と志の高さが、今求められている。学生たちは大学の枠を越えた連携講座を通して、体験型環境教育を通して、逆にそれぞれの所属する大学の良さを再認識しだしている。彼ら学生は、連携の持つメリットをいち早くつかみ、そして大学コンソーシアムの原動力になってきつつある。先に紹介した活動の大半は彼らが主役となって推し進めている。彼らの動きを支えることこそが、我々の使命なのだ。

「声を上げる」ことと「黙って去る」こととは、地域に対する愛着の度合いが根本的に違う。そして、地域の人材作りこそが地域貢献の根本なのだ。とすれば、地域の活性化に対して「声を上げ」、「汗をかき」、「人間同士の結びつきを強化する」世代を超えた人材作りを、ネットワーク多摩はこれまでも、そしてこれからも歩みを止めずに着実に推進してゆくことになる。その活動の一端を紹介しよう。

ネットワーク多摩の第二ステージ

八十余団体の加盟機関で構成されるネットワーク多摩でも、連携組織につきまとう共通の課題を持つ。常設事務所も活動拠点もすべて間借りで、一八名の職員は加盟団体からの出向者とアルバイトが大半を占める。年会費は少なく、外部諸機関からの委託金、助成金、事業費もそれほど多くはない。これまで、大学を核とはするが産官との連携をとくに意識し、人件費を除外した直接事業費三千万円程度なのに慢性的人手不足を押して展開する地元優先の事業は、優に二〇を越していた。

任意団体で発足して、二〇〇八年には直接事業費が六千万円を超え、第二ステージを迎えた。そこで、より効果的な連携活動をねらって、「将来構想審議会」を設置し、財政、組織、活動の抜本的見直しに着手した。人的・資金的制約や交通事情から必ずしも期待した成果が出ない事業については縮小や廃止の方針が、中間答申として出された。費用対効果を基準に、ネットワーク多摩直轄事業と、加盟機関に移管する事業、廃止する事業に区分けし、事業の「選択と集中」に努め、直轄事業は一〇程度に削減した。

主な直轄事業を紹介する。「環境」は多摩地域の魅力を引き出す重要なキーワードだ。国営昭和記念公園の充実した施設を活用する三事業、小学生対象の「体験型環境教育」、多摩地域の首長や経営者との対談形式の「花と緑と知のミュージアム」、住民の大学生サークルが参加する東京TAMA音楽祭は残した。また、直轄事業はスケールメリットを発揮できるものに絞った。文部科学省委託の「第二新卒就職支援プロジェクト」は、加盟自治体、ハローワーク、商工団体、地域金融機関と広く連携し、カウンセリングから正社員就職までをワンストップで行う、全国で例を見ない事業だ。学生が相互に学び合う「包括的単位互換講座」には二〇大学が参加し、一七大学から提供される一六四講座と、全国紙二社とNHKが各自提供する三講座からなる。また、「教員免許更新講座」は、加盟大学の教職員を活用した費用節約型事業で成果を上げげた。問題作成などで多摩全市町村の協力前提の「多摩・武蔵野検定」は、多摩全域の観光、歴史・芸能、産業分野の魅力を行政と住民が発見し合う目的を持つ、一級から三級まで揃えたご当地検定だ。

第二ステージでは活動のグローバル化を目指し、「環境に優しい国際学園都市圏・多摩」を実現する。まず、留学生や研究者の国際交流拠点創出を本格化する。同時に、今以上にスケールメリット獲得のために、加盟団体をもっと増やす必要性を感じる。

異なった組織原理を持つ諸機関からなる連携組織では、内部温度差もあるし、合意の手間もかかる。それらを前提に事業を進める必要がある。ネットワーク多摩でも、地域に散在する小中学校に学生を派遣する「学生教育ボランティア」は、自治体からの強い要請と事業移管を忌避する大学との板ばさみで、直轄事業として残さざるをえなかった。人・物・金が不如意であるからこそ、知恵と努力が人一倍必要なのだ。しかし、「時代が求めるフロンティアを開拓している」という意識の共有こそが、エネルギーの源泉である。これを相互に再確認し合うことが求められている。

ネットワーク多摩の課題

この組織は準備会として発足してから一〇年目を迎えようとしている。任意団体から出発し、社団法人へと姿を変え、組織を変え、事業を追加してきた。この過程は模索と試行錯誤の連続ではあったが、幸運にも関係各機関の献身的な協力の下で、幾度かの危機を乗り越え、多摩地域はいうに及ばず全国的にも知名度を高めつつある。と同時に世間的に一定の評価を得るまでになってきた。

しかし、解決を迫られている課題は山積みである。それは、この組織に対する期待が年々大きくなることと無縁ではない。以下、主な課題四点を指摘したい。

〈一〉ヒトの課題

「組織は人なり」とはよくいったもの。人材がいなければこの組織は動かない。事務局体制の確立が急がれながら、万年人不足を託《かこ》っている。事務局長（常務理事兼任）の下に二大学から一名ずつの出向、金融機関から一名の出張、インターン学生一名、事務局OB一名、パート一名の体制で、上記の事業を動かしている。筆者は専務理事から顧問に変わったが、対外的な折衝や企画作り、各種委員会のコーディネートで手一杯で、事務局を手伝うなど不可能だ。行政や企業からの出向をもう少し増やす必要があると思っている。

しかし、出向を期待されている大学も行政も企業も、「人減らし」の最中である。大学、行政、企業にとって、「人材派遣先」としての優先順位は非常に低い。それは、この組織が人材育成の研修機関としての評価がいまだ確立していないからだ。しかし、いまだ活火山のマグマのような組織であるからこそ、派遣された者はどのようなことでも企画提案し、実現できるチャンスを手に入れることができることに、早く気づくべきだ。

もっとも、そのような体験が果たしてそれぞれ派遣元の組織が求める人材に必要かどうかについて、どの組織も量りかねている。人材作りに格好な研修先の提供というメリットを名実ともに各参加機関が実感できるようになるには、組織として人の数と質で充実することが喫緊の課題である。

〈二〉カネの課題

活動に要する費用は会費と若干の補助金と事業収入からなる。正会員は入会金は大学、企業が二〇万円以上、行政が一〇万円以上、公益法人・ＮＰＯ等は六万円以上となっているが、ほとんどが下限の金額で入会を申し込む。協賛会員は以上の組織類型で半額で済む。また個人で入る場合は一万円である。そして年会費は大学が二〇万円＋学生数×一〇円である。企業が二〇万円、行政が一〇万円、公益法人・ＮＰＯ等は六万円である。協賛会員は会費が半分である（ただし、行政は三万円）。また、会費も入会金も支弁しない一特別会員もいる。だから、参加機関数は多いとしても、金銭的な余裕があるわけではない。

しかし、会員に多摩信用金庫、青梅信用金庫といった地元の金融機関が正会員として入会してくれた意味は大きい。金融機関の加盟は資金的な面はもとより、組織の対外的信用の付加の点で絶大の効果が上げられたといってよい。産学官連携のうち、産との連携では金融機関のネットワークに依存することも多いからだ。地元金融機関の信用力とネットワークの積極的活用が課題である。

〈三〉モノの課題

二三区の二倍の面積と半分の人口の四百万人といわれる東京都の多摩地域をはるかに越えた「広域多摩地域」を主とした活動領域とする連携組織である。点在する大学、市役所、企業間で日常交流することの不便さは、おそらく他の地方と変わらないだろう。車にまったく依存しなくてもよい都心、あるいは山手線環内が特別なのかもしれない。

そうだとすれば、空間の制約を取り除いて情報を密にするために、ＩＣＴ機器の使用は不可欠だ。ＩＣＴ化の波は、暮らしのパターンを変えていくきっかけを用意する。学びたい人は、「いつでも、どこでも、好きなだけ」というユビキタス時代がやってきた。とくに、携帯電話をはじめデジタル機器の日進月歩と、ギガビット級のブロードバンドが可能な光ファイバー網の敷設が進み、時間と空間の制約を乗り越えたバーチャルなキャンパスや、サテライトオフィスの導入による職住近接も可能になりつつある。

情報基盤整備が急がれるのだが、各大学が独自に費用自弁で整備してきたものとどう整合的な設備を準備するか、まだ合意は得られてはいない。

また、株式会社学生情報センターが開設に協力してくれた『アゴラ立川』という活動拠点の存在は、バーチャルとリアルの両面を駆使した新しいキャンパスの実験場としての意味合いもある。学生やＯＢも含めたトータルケア体制も実施中だ。このような活動拠点の拡充が急がれる。

〈四〉国の課題・地域の課題

この「バーチャル、あるいはサテライト型キャンパス」構想を実現するための事業補助制度を国は用意しているが、残念ながら大学止まりであり、我々のような連携組織が直接申請することはできない。大学連携の促進を謳《うた》いながら、文部科学省は頑としてこのスキームを変えようとはしない。連携組織が冬の時代に突入した大学・短期大学の有力な生き残り戦略手段だと認めてはいても、そのための基盤整備について、連携組織の処理能力責任能力については、疑問符をつけたままである。「戦略的大学連携」事業と銘打ったものでも、申請の主体はあくまで「大学」なのだ。これは大学連携組織を信用していないことに等しいのではないかと思いたくなる。百歩譲って「大学」名で申請することにしても、どの大学に窓口になってもらうか、一苦労が待っている。文部科学省の事業に見られるこの中途半端さが政策効果を鈍らせる。これに対処するには、民間主導で何らかのビジネススキームで事を進めるほうが早道かもしれない。これこそ産官学連携の真髄かもしれない。

地方分権化の進展で地域は都市間競争にさらされ、他の自治体との連携の道を探る方策は合併しかないというスタンスに凝り固まっている。しかし、そうだろうか。行政面積の拡大は、域内の諸問題を全部引き受けること、域内でのもろもろの格差を引き受けることでもある。格差を縮めるには、各地域を有機的につなげる活動や組織作りが必要とされる。そのために大学コンソーシアムが活用できる。いたずらに地域ナショナリズムに凝り固まることは、弊害を残しこそすれ、賢明ではない。広域連携の実を上げるために多摩地域の全自治体の加盟が急がれる。ネットワーク多摩では、「知のミュージアム　多摩・武蔵野検定」を生涯学習の一環として行っている。つまり、「多摩」は一つという意識づけのきっかけ作りをして広域連携を行おうという目論見である。

さて、現在、ネットワーク多摩は、活動キーワードとして、まず「教育」をあげる。このキーワードは、「大学」を核として、放射線状ネットワークで「小中学校」、「高校」、「地元企業」、「地域住民・NPO」、「地方自治体」に向けて一〇以上の事業として具体化され、提供される。これらの活動総体が、地域に存在する多種多様な課題解決を目指して知の結集と人材の供給を通して地域貢献することを主目的とする。四一の大学・短大、一〇の自治体、金融機関も含めて三一の企業・団体のスケールメリットと多様なメンバー構成がシナジー効果を発揮することが期待される。それを代表的な事業の紹介と合わせて検討してみよう。

初等中等教育との連携

学生の居住地と大学の立地先とは一致していないことが多い。学生は勉学とアルバイトやデートと、時間のやりくりに忙しいから、大学のある地域の小中学校よりも居住地の小中学校で教えるほうが、何かと都合のいい場合もある。また、必ずしも教職課程を履修していなくても『教えたい』という欲求もある。学校側も教職員の手が足りなくて、『学生のボランティアに頼りたい』という状況がますます強まっている。しかし、現在、マッチング数は二百人程度にとどまっている。八王子市の教育委員として各小中学校に出向いていた経験からすると、おそらく二〇－三〇倍の潜在的需要があるはずだ。

しかし、学生側と小中学校双方別々の多様な事情をすべて充足しないと、このマッチングは絶対成功しない。多様なニーズを感知しながら財政難に苦しむ行政と、にもかかわらず教職課程にこだわり続ける教育委員会との意識のずれは大きい。だから人手を介した煩瑣《はんさ》なマッチングシステムとの折り合いをつけるために、人手を省き常時受付可能なＩＣＴを駆使した省力的かつ効率的なマッチングシステムの早期開発が急がれる。この連携組織は広域型であることの利点として、大学の立地場所と参加学生の居住場所の両サイドのいずれかによって、「教える学校」を選択できることだ。この利点をもっと十分に活用するためにも、即時性のあるＩＣＴシステムの導入が急がれる。教室現場は猫の手も借りたいほど、若くフレッシュな人手を必要としている。

たこつぼ型教育を超えて

先に見たように、日本の教育の将来が危ぶまれている。初等中等教育から始まって大学教育までの一連の学力低下が明確になったからだ。小中学校は学習障害児や不登校問題で揺れ、高校や大学では補習教育を本格的に開始しないと講義が成立しない恐れが出てきた。高等教育の大衆化がその原因の一端だとしても、それ以外の原因も大いに関係している。一つは教育制度の硬直化、もう一つは教育を支える地域や家庭の機能弱体化、そして時代的閉塞感の蔓延だろう。これらは皆、「各教育課程での自己完結」を前提とした教育システムが崩壊する兆しでもある。

しかしこの傾向を放任していては、日本の教育は悪化の一途をたどるしかない。台頭著しいアジア諸国の繁栄を横目に、国の衰亡にもつながる一大事といってもいい。この危機意識から初等中等教育と大学教育をつなげることで、解決のきっかけ作りを始めた。教育を取り巻く環境も、教育現場も変化しつつあるのに、それぞれが「たこつぼ」に入って暗中模索しても、何も解決しない。まず、それぞれが「たこつぼ」から出て、オープンな感覚でテーマ設定をする。次に、初等中等教育と大学教育の連携を具体的に進め、問題の共有と解決に向けての共同作業を開始する。

ネットワーク多摩が単位互換中心の大学間連携ではなく、むしろ積極的に初等中等教育支援という活動から開始したのは、上のような問題意識があったからだ。また前に述べたように、「教育」と「環境」を組織活動の二大キーワードとして活動している。

なぜ環境がキーワードなのか。東京都、埼玉、神奈川両県にまたがる「広域多摩地域」は、存在感と潜在能力を含めた社会経済力とが極めてアンバランスな地域だ。すでに、製造業出荷額では二三区に比較して三倍の実力を持つし、百を優に超えるキャンパスを有し、大学・短大の集積は二三区と肩を並べている。しかし、一般からは、「自然に恵まれてはいるが、都心に比べて経済力も利便性も一段低い」という受け取り方しかされていない。この認識を転換させることは、立地に左右され少子化時代を生き残らざるをえない多摩の大学・短大にとって死活問題だ。広域多摩の活性化が多摩の大学・短大にとって「他人事《ひとごと》」ではないなら、一般認識を逆手にとって「優れた環境」をウリにしようということになる。また、「地球温暖化」との関連なのか近年の異常気象の続発は、人間活動と環境との持続性に警鐘を鳴らし、一般的関心も高い。

以上の時代的背景と地域の存在感向上のため、多摩地域の教育委員会と連携しながら「体験型環境教育」を実施した。これまでどのような成果が得られたかを、紹介する。

これこそ「体験型」の環境教育

冒頭、「たこつぼ型教育」からの脱却の必要性を説いた。初等中等教育との断絶もそうだが、大学間もあるいは学部間でも専門科目重視の「たこつぼ」現象が蔓延しているという危機意識がある。古いテキスト中心の一方的な座学に終始し、学生の興味や関心を惹く努力が垣間見られない講義も多い。体験型環境教育は、学生たちが単に環境の専門知識を蓄え、小学校三、四年生に噛み砕いて教えることではない。児童生徒と保護者、小学校教員、環境NPO活動家、マスメディアなどとの多種多様なコミュニケーションネットワークの構築、何カ月にもわたる活動のスケジュール管理、予算の管理、活動に伴うリスクの管理、チームワークの維持などの能力を、学生はＩＣＴを駆使しながら体得してようやく実施できる事業なのだ。そして最も重要なのは、「体験型環境教育」を軸に回転する異なった大学の学生同士の対面型コラボレーションが、偏差値を前提とする大学教育を無意味なものにしつつあることだ。さらに、多摩の広い地域から集まった小学生の交流から、家庭教育、学校教育を支える「地域教育」の一つのあり方を、参加した保護者に示したことだ。

「体験型環境教育」を六年間実施してきた。二、三年でテーマを変更しているため、参加する子供たちの知識も多面化すると同時に、学生たちも森の環境特性、川の環境特性、地産地消の環境との関係などを随時、文理融合で調査研究してプロジェクトのテーマにすることから、学習上のスキルアップを図ることができる。また一方で環境への負荷が高いエネルギーや輸送機械、そして飲料メーカーを中心に企業の積極的参画を募った。具体的には、環境教育に取り組むこれら企業に直接児童生徒に向けて実験やビデオなどを使った授業を担当してもらった。企業活動がどのような影響を環境にもたらしているのか、そして企業が環境保全に向けてどのような努力をしているのかを実態に即して児童生徒は理解したと思う。持続可能な地球環境創造に関心と専門的努力を傾注するエネルギー関連企業独自の環境教育事業、教育支援事業はもちろん重要だ。しかしそのノウハウを駆使して異業種、異分野の連携を通じた多種多様な試みに、もっと積極的に協力することを望みたい。それによって、環境問題に取り組む活動に、もっと大きなシナジー効果が約束されよう。

「お互い様」の国際ゲーム

体験型環境教育に地域が一体となって取り組むことの意味を、国際システムという違った側面からも考えてみよう。それは「地球温暖化」をめぐるものだ。二代前の首相のときに開催され、国際的には大したアピールもできずに終わった洞爺湖サミット（二〇〇八年）は、財政難の折、大変贅沢なまつりではないのかと国民の大半が思った。「国の威信をかけて」という当時の内閣の意気込みに対して、高級紙『Financial Times』はじめサミット前であっても国外の意見はたいそう冷ややかで、根っから期待していないものだった。なぜか。はじめから「まつり（あるいはゲーム）」で終始しようという思惑が主催者側に働いていたからだ。政権交代で登場した鳩山前首相の国連での「CO_2二五％削減」をめぐる演説は国際的にもインパクトがあった。

「地球はみんなのもの（コモンズ）」という認識に立てば、環境をテーマとする重大なゲームはインナーサークルの参加者だけで完結できるものではない。まず、ゲームを取り仕切る信頼の置ける胴元が不在である。国際協調を前提としたゲームではないから、どのようなアジェンダ（議事内容）を最優先させるか、明確にしえない。そしてゲームの参加者をできるだけ多くしようとすれば、予想以上にゲームは複雑になり、ゲームが紛糾する。ただでさえ、国際ゲームは一般的に国益同士の衝突が前提であると同時に、各国とも国内のさまざまなステークホルダー（当事者）間の利害の衝突と調整までも含んだ、ロバート・パットナムのいう「二段階ゲーム（Two Level Game）」なのだ。

二段階ゲームのうち、国内の環境NPO／NGOも含め、メーカーや業界団体などで構成される多様なステークホルダー間で展開される国内ゲームが実は最も曲者かもしれない。これは環境問題だけでなく、FTAなどの貿易促進をめぐっての丁々発止の国際ゲームでもいえることだ。とくに、主要なゲーム参加者の顔ぶれも多彩であると同時に、明確な資格審査があるわけでもないから参加者の中にはタイムオーバーすれすれも出てくる。あるいは、本来ゲームに参加すべき資格が十分あるものを除外するケースもある。だから、洗練された歴史に残るような名勝負など、はなっから期待できない性格のものになる可能性は否定できなかった。こうして国内ゲームと国益同士が火花を飛ばす国際ゲームがミックスされて、複雑なゲームが展開されたのだ。

「共有地の悲劇」

私は、かつてメリーランド大学で「客員教授」としての待遇をもらっていたとき、実験政治学の先達ともいえる友人のジョー・オッペンハイマーに、誰のゲーム論が聞くに値するかと尋ねた。彼はすかさず、「それはトムだろう」という。そこで、後年ノーベル経済学賞を受賞することになるトマス・シェリングのセミナーに毎回顔を出すことにした。

ある日、彼はガーレット・ハーディンのあまりにも有名な「共有地の悲劇」のテーマとして、「地球温暖化」に言及した。そして「共有地の悲劇はハーディンが想定したよりもっと複雑だ。固定したメンバー（先進国）だけでなく、ルールもろくに知らない新参者（開発途上国、今は新興国）もいる」と注意を喚起した。しかも固定メンバーだけの事情で合意したルールはもろく、悲劇を回避することなどできない。理由は新参者がルールを十分に理解し、守るインセンティブを持たないからだ。「我々だって先進国並みの生活をしたい。それには開発だ」と口々に主張する。

しかし、この問題の解決が本当に必要なのは、先進国より発展途上の国々だ。ＢＲＩＣｓ以外の多くの発展途上の国々は、人口爆発と疾病と政治的不安定と貧困が複合して悲劇のわなを作っていて、そこから簡単には抜け出せていない。「地球温暖化」で先進国の恐れる熱病などは医学の進歩でどうにもなるが、発展途上国の農業、牧畜業こそ壊滅的な打撃を受ける。それも予測ができないぐらいの打撃だろう。だから彼らを支援したり説得したりする国際的枠組みが必要だ。それで悲劇は先延ばしになるし、幾分かは緩和されよう、と一九九七年の段階で主張していた。あれから一〇年余りが過ぎた。シェリングが予言した現実の危うさが、現在ここにある。

共同体の智恵

高名な学者の警鐘を受け継ぐＮＰＯ／ＮＧＯも多い。しかし、それが世界全体を動かす大きなうねりにまでなっていない。まだ異議申し立てのレベルを脱していないからだろうか。あるいは、サミットに関する日本製シナリオと同じように微に入り細に入りだが、彼らの活動が大局的というより浅く広くの戦略なき内容に終始しているからだろうか。

持続可能性は地元の知恵で（バリ島の棚田）

かつて日本は狭い国土を有効に使うために棚田を作り、さらに貴重な水資源を川上から川下までうまく利用するための「ある種の掟」を定め、かたくなに守ってきた。その共同体システムを子々孫々まで維持することを誇りにしてきた。経験知を駆使し、定常的な循環型社会を形成してもいた。そこには自治はあっても、上からの統治の力は極端に弱かったと見てよい。今でいうガバメントではなく、ガバナンスが有効に機能するある種の公共圏が形成されていたのだ。そして、公共圏を維持する掟が何らかの事情で危うくなると、独特の社会回路が働いて補修と補強が施され、学習とあいまって経験知が蓄積され共有されてきた。このシステムの維持には、特定の個人や組織の作る実態的恐怖と制裁システムが働いたと考えるのは一面的すぎる。それよりも、昔話や言い伝えの中に「天の罰」を混入したフィクションによる教訓システムが、長幼の序を前提に世代を超えて伝わる独特の社会回路で支えられてきたと考えるべきだ。

シェリングのいう「予測できない打撃」を一つのフィクションとして活用することに対して、「今更」と異議を唱えることは簡単だ。しかし、最悪に備えることが最善の道であるという格言もある。「地球はみんなのもの（コモンズ）」という認識と同時に、最悪の事態は最弱な国や地域や人々を直撃するという「憂鬱な経験法則」を共有すべきなのだ。

大きなリスクに対する耐性のある先進国が憂い、耐性のない発展途上の国々が楽観視する「地球温暖化」に対する認識の奇妙なねじれ現象がある。これを解決する枠組み条約（Framework Convention）を討議する円卓会議を、早期に設置すべきだろう。円卓会議は対症療法を議論する場であってはならない。先進国、途上国の別なく多様な文化や伝統を認めた上で、地球市民になるための教育過程の場であり、前進する場でなくてはならない。

洞爺湖サミットは、その必要性を強く印象づけた点で、「成功したおまつりだった」と皮肉な結論づけをしてもおかしくはない。そして、経験から得られる教訓は、案外昔からいい伝えられてきた共同体の智恵の中にすでにあるという確認を、私たちに迫っているのかもしれない。

生涯学習で地域住民との連携

「ネットワーク多摩」の事例に話を戻そう。これまで、リタイアした各地域の住民に対して、健康・財産管理・地域活動の三大テーマを生涯学習講座として提供してきた。また、女性のキャリア支援講座を文部科学省の委託事業として行ってきた経験を持つ。そして、生涯学習コーディネータやＮＰＯリーダーの育成講座なども高い評価を得ながら提供してきた。

しかし、団塊の世代が生産活動の第一線を退き、地域や家庭に帰ってきた。そして第二ステージへの模索を開始している。この状況にどう対応すべきか。ここで最も重要なのは、地域デビューと地域貢献の主役として彼らが関わってくれるかどうかなのだ。

団塊世代の再雇用が検討されだしているが、せいぜい年金受給までの五、六年の関心事でしかない。しかし人生八〇年時代の到来で、退職後の十余年のライフステージを地域貢献につなげ、生きがい作りにつなげるための方策を今まさに考えるべきときなのだ。一例として、地元の専門家や行政との連携で、「地元学」と「多摩・武蔵野検定（通称タマケン）」という地元検定を柱とする生涯学習の体系作りを開始した。

ともすれば「産学官連携」は、米国のＩＴやバイオテクノロジーといった先端的なトピックスに対して、国際競争力の観点から議論される場合が多い。これからは、地域が抱えている諸問題の解決に産官学連携を「住民も巻き込んで地道に」行ってゆくことが重要だ。人は上り坂のときより下り坂のときに真剣に考える。多摩地域のあり方に対する住民の思いは、バブルがはじけて多摩地域のイメージが色あせ始めてから次第に強くなってきたような気がする。本物の地域主権への始動だろう。

「地域間競争」を伴った地域主権の波が押し寄せてきていることから、地元自治体は「まちづくり」に当たって住民や近接大学との連携強化の必要性をこれまで以上に痛切に感じ始めている。だからある種の「バンドワゴン効果」（他人に乗り遅れないようにしようという連鎖効果）が働きだしている。しかし、規模の拡大は合意のスピードも、内容も格段に変化させる。このようなときにビジネス感覚が非常に重要になってくる。

活動をより充実したものにするため、事務機能ももちろん、企画調整機能も大学や官庁方式ではなく、ビジネスライクなものにもっと衣替えしなくてはならない。コミュニティビジネスの有力な一形態として自覚し、ビジネスの世界の決め方や行動方式の導入も必要になってきている。さらには、この種の連携組織ならではの固有の運動方式、組織運営形式を考案する段階にきているようだ。

産官学連携組織に集う各機関はそれぞれ独自の組織DNAを持ち、長い歴史に培われた組織哲学を持つ。各組織固有のDNAに根ざす固い岩盤を融合して新たな変成岩を形成するには困難を極める。連携組織はどこも揺籃《ようらん》期の域から出ていない。揺籃期だからといって、人事ローテーションで活動の速度も質もころころ変わるようでは、信頼性に欠けるものになる。試行錯誤が必要だからといって甘えが許されるわけでもない。これからも連携組織で生まれる事業の一つひとつに精魂込めながら、組織的に安定した、しかも課題に弾力的に対応できるような工夫を普段の活動を通して模索してゆく必要がある。

大学が核となった地域連携の創造的ネットワークで地域の再生、そして国の再生への道が開かれようとしているという確信が、活動を通じて生まれようとしている。

全国ネットワークの必要性

ところで、国立大学等の独立法人化で国公立大学は自前の生き残り戦略を模索しなければならないことになった。独立法人化した旧国立大学にとって、産官学連携は最も重要な戦略と位置づけられようとしている。大都市圏を除けば、地方の旧国立大学が「最大規模の大学」である場合が多い。彼らが核となって地域の中小規模私立大学や公立大学と連携して地域の活性化や文化産業活動を支えることなくして、地域主権の大号令は、単なる「地方切り離し」でしかなくなる。旧国立大学も地方の衰退に超然としているだけの余裕はない。すべての大学は立地産業なのだから。

すでに、学生の町京都を別格としても、名古屋、仙台、広島、金沢といった教育先進都市でコンソーシアムが本格的な活動を開始している。これらのコンソーシアムは、よって立つ地域性の違いからだろうか、結成の目的も重点の置き方も多種多様である。これらのコンソーシアムが『コンソーシアム京都』と『学術・文化・ネットワーク多摩』の音頭で「全国ネットワーク協議会」を立ち上げた。そこでは、各コンソーシアムの活動内容の紹介、抱えている課題の提出と解決案の検討、成功するビジネスモデルの普及に向けての広報や支援活動の紹介など、ワークショップ形式の会合が、毎年持ち回りで行われている。

協議会の立ち上げは、各種の情報提供をし合うことによって、旧国立大学等の独立法人化と少子化に右往左往して各地の大学が消耗戦に突入することの愚を未然に防ぐ意味もある。協議会について、この後詳述する。

地方分権は財政上のご都合主義に振り回されてはいけない。むしろ地域主権は地方文化や産業の継承・発展と車の両輪にならなければならない。そのためには大学が核となり、その持てる人的・物的資源を地域に積極的に提供し、地域の抱える課題の解決に果敢に挑戦するのも一方策である。何度もいうが、地域は研究課題の宝庫であり、真価を問うマーケットでもある。地域自らが選択し決定する地域主権時代の本格化は、大学とその他機関の連携のあり方によって左右される。あるときは対立する利害の調停役として、あるときは新しい知識と知恵の供給元として、大学は地域に根を張ってゆくことが必要なのだ。旧国立大学を中心に、各地の有力大学にその気概を持つことの重要性を指摘したい。

ところで、いくつかの事例に見られるが、大学の「まちづくり」への参加が、文部科学省の予算で左右されるとすれば、志があまりにも低すぎはしないか。官依存ではなく、民間との積極的なコラボレーションを中心に、シリコンバレーやその他の産学連携クラスターが存在する国内外の地域を参考にすれば、産官学連携の重要性は一目瞭然である。「大学冬の時代」といわれだしてから久しい。しかし、それはものの一面を語るに過ぎないことを、そろそろ理解すべきだ。

理想と現実のギャップ

ここで、『全国大学コンソーシアム協議会』加盟機関のプロフィールから、連携組織の一般的状況を概観してみる。前述のようにこの協議会は、加盟機関内で活動情報や問題解決のヒントを共有するため誕生した。二〇〇九年九月現在、加盟機関数は四三。毎年一回開催される研究交流フォーラムがある。加盟機関の設立は、二〇〇〇年までに計一三機関、残りの三〇の加盟機関は、二〇〇一年からの設立である。加盟数の増加は、少子化による大学冬の時代本格化と長引く地方経済低迷と無関係ではない。大学・短大数で五〇校の、二、三のメガ組織もある反面、約七〇％の組織が二〇校未満だ。全体の約八〇％の連携組織は、加盟する自治体が二以下だ。民間企業等も、一〇以下の加盟団体が七五％である。大学主体が圧倒的多数で、主な活動は単位互換や生涯学習だ。産官学連携の妙味を最も引き出せる学生インターンシップや地域活性化イベントの開催などの活動をあげる加盟団体は三〇％にも満たない。これは、連携組織の意欲や意識の問題ではない。パートも含め職員数三名以内が全体の約六〇％で、人材、財源、活動拠点の不足から、十分な活動成果も上げられない状況に置かれているからだ。結果として地元認知度も低いまま、参加機関の温度差も埋まらず、協力体制も不十分だから、新規事業の創設も展開もままならない。理想と現実のギャップがそこにある。

ギャップを埋めるためには、もっと自治体の協力が必要だ。大学間単位互換や地域活性化を主たる活動とする「産官学連携」は、前述のネットワーク多摩と同様の悩みを持っていることがわかる。現在、「産官学連携」組織は、この協議会に未加盟のものも含めて、全国でおそらく五〇は超えているものと思われる。筆者も過日、東広島市と広島大学など四大学連携の調印式に招かれたが、自治体と大学間の地元中心の連携はこれからも増加する。産官学それぞれの強みを生かした連携で、大学の教育研究環境を向上させ、地元の生涯学習や審議会に教員を提供し、空き店舗対策やまちおこしイベントに学生サークルやゼミ生を投入することがねらいだ。これはどの連携組織でも当初から基本的な目的とされてきた。しかしそれぞれに共通する、あるいは独自の課題を背負いながら連携組織は運営されている。各県に最低一つは設立されていると思われる現在、先発組は大半が第二ステージを迎えつつある。組織課題を解決し、一層効果的な連携が実現するよう、次を見据えた冷静な状況認識と活動評価が必要な段階に入ったといってよかろう。

築地からの文明開化

「ざん切り頭を叩いてみれば、文明開化の音がする」と謳《うた》われ近代国家に生まれ変わろうとしていた日本の首都、東京の国際都市への脱皮は、一八六八（明治元）年の一一月一九日築地居留地の設営でした。近代化を国家目標に掲げる明治新政府は、西洋文化の陸揚げを開始しました。

まずアメリカ人の有志による「築地女学校」（一八七七年）ミッション・スクール系で、立教大学の前身の「立教学校」（一八七四年）、青山学院の前身の「東京英学校」（一八七八年）、明治学院の前身の「築地大学校」（一八八〇年）などは築地に設置されました。また、慶応義塾を称する以前の福沢諭吉の英学塾も、築地鉄砲州の奥平家中屋敷にありました。東京大学の前身である開成所も、旧幕府海軍所に一時的ですが設置されていました。

まさに欧米先進国に対する「追い付き追い越せ」競争は築地をそのスタート地点としたのです。

江戸から東京への政治の激変により、東京は人口一八〇万が七八万に激減しました。政治の安定は経済活動の円滑化をもたらし、「人口は職を求めて移動する」の法則通りに一八八七年頃には江戸最盛期の人口に達し、しかもその増加傾向は衰えませんでした。

官用地として収用された神田駿河台周辺の旧幕臣たちの土地は、私立専門学校の校地に転用されました。というのは、福沢諭吉の『学問ノスヽメ』に触発され、全国各地で起こった中学校設立ブームで増加した卒業生は青雲の志やまず、上京するものが増えたからです。

官立私立を問わず、高等教育を受け終了することは、階級上昇の手堅い手段でした。高級官僚を目指して山の手本郷の東京大学へ行くか、下町神田に集積した私立の法律専門学校を出て法律家や新聞記者になり在野で活躍するかを各自選択し、あるいは試験というフィルターで選択されました。

ところで、高等教育機関の保護育成は官立学校に限定されたため、国税でまかなえる官立と違い、私立はほとんど運営費を学生からの授業料収入で充当せざるをえませんでした。ところが、学費の高低がそのまま学生志願者の増減に跳ね返って学校経営を揺るがすことが、しばしばでした。そのため、学生一人当たりの負担をできるだけ切り詰め、学生定員数増加と官立入学への予備校部門の設置、経費節約の非常勤講師の調達を容易にするなどの経営努力が行われました。

高速輸送機関の未発達な当時、私立高等教育機関は、本郷に近い神田、早稲田、青山、三田など、現在のＪＲ山手線の内側にほとんど立地しました。また、中上流家庭の子女教育をもっぱらにしたミッション・スクールも、彼女らの住まう山の手地区に立地しました。創立者の個性により、専門的教育を女性にも授けようとして設立された日本女子大や津田塾の立地も、例外ではありませんでした。

関東大震災と大学移転

近代日本の政治経済文化の地域的優位性を一段と濃くして発展してゆく東京の拡大は、本郷、小石川など、まず北部を中心として起こり、一八八三年から一〇年間で宅地は六二％も増加しました。そして、ようやく軌道に乗り出した首都交通網の発達は、高等教育機関の郊外立地を促進します。例えば大学の郊外立地を立教大学の場合（一九〇七年）、本拠地の築地ではなく池袋に決定した理由に、①土地価格の安さ、②電車路線が建設中、③文教地区として発展しつつある、をあげています。

一九一八（大正七）年の「大学令」によって、私立大学も、官立の補完的役割としてではありますが、高等教育養成機関として公式に認められました。官立の学生たちにだけ与えられていた徴兵猶予などの特権が私立にも認められ、学生の安定的募集が可能になりました。これで経営の安定化を目指して規模拡大を図る郊外移転の障害が一つ消滅しました。

しかし、本格的な郊外立地を促したのは、一九二三年九月一日正午前に発生した関東大震災です。都心に立地した東京帝大、東京商大、東京女子高等師範などの官立

ノーベル賞学者を多数輩出しているカーネギーメロン大学

大学、明治、中央、日本、専修の各私立大学も、全焼に近い被害を受けました。後に『細雪』で神戸の鉄砲水の破壊力を活写する谷崎潤一郎でさえ、たび重なる地震に嫌気をさして関西に移住することにしました。

さて、災害復旧を人口変化で見ると、一九三〇〜三一年までかかっています。そして、過密な下町から山の手、続いて郊外へと人口移動が発生しました。

この動きを巧みに事業に結びつけたのが、東急電鉄の五島慶太であり、西武グループの堤康次郎でした。彼らは経営する鉄道路線に大学を誘致して定期乗客を確保し、同時に「学園都市」という良質な文化性を付加価値とする宅地分譲を計画しました。

まず五島は、震災前に蔵前にあった東京工大を目黒の大岡山へ（一九二四年）、三田の慶応大学予科を神奈川の日吉へ（一九二九年）、旧都立大（一九三〇年）や旧学芸大（一九三二年）も東横線沿線に誘致し、良質な郊外住宅地を実現しました。

他方堤は、東京商大本科を神田から国立に（一九三〇年）、東京商大予科と麹町の津田英学塾を小平に（一九三三年）誘致し、文字通り「学園都市」を建設することになります。

同様な試みは、小田急線の開通と大正デモクラシーに酔う教育者たちによって創立された成城学園、玉川学園にも見られます。

このように、大震災を契機に、住宅地と大学の郊外脱出は、大手私鉄資本との協調を通じてなされました。

第八章

希望を求め再チャレンジ

さまよえる若者たち

「就職氷河期の新卒ほど買い手市場だから良い人材が集まる」という根も葉もない通念は通用しない。こういう時期には、売り手である新卒にとって最初の勤め先が「第二、第三志望」である場合が圧倒的に多いのだ。したがって、気持ちを入れ替えて頑張ろうというより、景気が良くなったら「乗り換えよう」という意識が強くなる。しかし、「乗り換え」の成功確率は極めて低い。それは、乗り換えを受け入れる側も、相手の自社への帰属意識を半分疑ってかかるからだ。これが、終身雇用が崩壊しつつある現在でも大方の職場での現状だ。「誰もが転職組」というかつての高度成長企業ならいざ知らず、再チャレンジ組の若者が目指すのは母親も知っている「いわゆる有名企業」だ。運良く転職しても、即戦力と実力でヘッドハンティングされた極めて少数の「転職」集団とも違う。居心地が良いわけがない。転職組の圧倒的多数は期待はずれの「非正規労働市場」になだれ込み、経済状況も心理状況もズタズタにされてしまう。バブル崩壊で始まった「失われた十余年」の期間、新卒市場に果敢に挑戦し破れた「第二新卒」が置かれた状況だ。

一般的に、好況が続いて売り手市場の新卒ほど満足度の高い就職が可能であり、「第二新卒」になる確率は低くなる。マクロ経済の変動によって、卒業年次で悲劇と喜劇が隣り合わせになる。これは個人の努力ではどうにもならない。まして、リーマンショック後の世界的景気後退の大波をもろにかぶり、一向に雇用情勢回復の気配さえ見せない日本では、在学生が就職活動で苦戦しているから、「第二新卒」など思うにまかせない若者も含めて、早めの対策が重要なのだ。

「非正規労働」は、規模の小さい企業ではもとより一般的だった。それが、どの産業を問わないし、大企業でさえも高くなっている。その絵解きをしてみよう。

どの産業のどの企業でも、大なり小なりグローバルな競争社会で生き残りをかける。「フラット化した世界」では、先発組も後発組もいっせいにチャンスを求めて走り出す。誰もが等しい成功確率なのだから、うかうかできない。資金力のある企業は国籍を問わず、対策の一つとして市場支配力を確保しようと、合併や買収などで規模の拡大を目指す。そして規模に見合った収益を確保せよという至上命題の達成に、人件費の削減や景気に合わせた迅速な雇用調整が必須条件となる。だから景気が上向きになっても、非正規労働市場は拡大の傾向を持つ。例えば、若者たちが非正規労働者のままに取り残され、正規労働者として組み込まれない三六〇万人から失われる経済力は、少なく見積もってもＧＤＰ比で一・二％（六・二兆円）にも上るという推計もある。これら若者の婚姻率も当然制約されるから、出生率に響いてくる。就職氷河期が続くということの問題は、本人だけでなく人口問題にも影響するので、国にとっても喫緊の対策が必要となる。

若者が希望を持てない時代と地域

「ニート、フリーター」が増えていることの原因をもう少し考えてみる。彼らの行動は一昔前の人生観、職業観とはどうも相容れない。「石の上にも三年」とか「今日頑張れば、明日はきっと報われる」という信条を年長者から聞きながら育った時代はもう遠い過去のことなのだ。しかしいつの時代も、若者は思い通りにならない現実にとまどい、迷い、いら立つものではないか。それに今の若者を取り巻く環境は、筆者の若い頃とはずいぶん違う。生まれたときから「豊か」な時代が広がっていた。誰もが望めば「大学に進学できる」時代だ。しかしバブルがはじけてからこのかた、どこの職場にもリストラの嵐が吹きすさんだことも事実だから将来が必ずしも「約束されない」時代、「いい学校を出て、いい会社に入れば、人生安泰」という単純明快な構図も消えつつある時代だ。かなりのスピードで進む少子高齢社会を誰も阻止する力はないから、将来負担は目に見えている。努力の先が見えないから、それを十分な考慮や見通しもない中で刹那的に処理するとか、あるいは避けようとする若者も増えてくる。ここにニート予備軍、フリーター予備軍が発生する土壌がある。

状況をもう少し別の側面からもとらえてみよう。実は、産業構造の変質とそれと関連する地方経済の衰退が大きく関係しているのだ。首都圏に代表される大都市圏とそれ以外の地方では大学進学率は二〇%ぐらいの差がある。経済のソフト化、グローバル化が進む中で、大半の地方は産業構造の転換に乗り遅れてしまい地域経済の衰退をもたらした。これが所得を減らし、需要を下げ、そして地域核である中心市街地を衰退させている。

地方の若者の高失業率は中心市街地の衰退とは「無関係」ではない。かつて中卒、高卒の多くを吸収していたのは、商業、飲食、サービス業や地場の工場だった。これは洋の東西を問わない。

『商業統計』によれば小売業に分類される事業所数のピークは一九八二年、従業者数のピークは九四年、商品販売額のピークは九七年となっている。それ以降は全般的に「下り坂」。外圧を受けての大規模店舗法の消滅とともに始まった大規模店の郊外出店ラッシュは、中心市街地衰退に拍車をかけた。「シャッター通り」などは誰の目にも明らかだが、空き店舗の増加が実は雇用にも深い影を投げかけていることに気づくべきだ。六〇年代、商店街を構成するような九人以下の中小規模商店に従事する人の割合は、八〇%を超えていた。それが九〇年代になると半減する。小売業の若年労働吸収力は今でも高いが、ひところの勢いは失っている。それもアルバイトやフリーターという、労働条件が正規社員に比べて良くない雇用だけが増えてゆく。あるいはそれさえも、空き店舗の増加で消滅しつつある。中心市街地を攻める側の郊外型ショッピングセンターも、大半がパートやアルバイトを雇うにとどまっている。

地方経済と雇用情勢とがスパイラルを描きながら悪化し、時代に取り残されたような地域が至るところに出現している。そういった地域では、公共事業頼み、あるいは親の年金頼みの若者が着実に増える。かつては地方経済を潤していた公共事業は絞られつつあるから、消費も伸びないし、雇用も改善されない。魅力がなくなった地域からは、気力のある若手は転出を始める。だから寂れた地域には新規に事業所も立地しない。こうしてかつて華やかだった中心市街地も寂れ、雇用機会も雲散霧消してゆく。

ところで、流通業ではどうだろうか。

かつて、量販店の「二重価格」が公正取引委員会で問題にされた。「消費税還元セール」と銘打たれた販売戦略を実行に移すに当たって、ある量販店の一部の店舗が、一部の商品に対して意図的にセールの前に定価を上げておくという姑息な手段を使った。消費税還元セールは、一部消費者に歓迎された。消費者も高額な商品や買い置きのできる商品のまとめ買いにそのセールを利用したが、全体の消費を押し上げるだけの効果はなかった。セールに当たって仕入先にツケを一部負担させるという荒業も、一部には見られたらしい。また、「閉店セール」というものもあった。百貨店が不振店を閉めるに当たって、百貨店の信用を落とすことを気遣って日頃は取り扱わないような半端物まで安さを強調して、「アウトレットモール」よろしく売り出した。

大店法が緩和され、大型店舗の営業時間が長くなった。夜更かし族や共働き家庭の増加している昨今、営業時間の延長でずいぶん買物が便利になった。ライフスタイルの変化は、営業時間の延長をますます求めるだろう。米国でも二四時間営業のスーパーマーケットがある。それは大通りの交差点で人家の少ない場所に設置してあり、近隣の住民の迷惑などにはならない。しかし、日本では深夜三時まで営業して快進撃の一部ディスカウントストアは人家の近くにあったり、深夜に響く自動車のエンジン音が住民の生活を脅かしている。大店法申請時は深夜一二時までだったのに、開店してまもなく営業時間を三時間延長したという例もあった。一部の深夜族の便宜を図ることと、住民たちの安寧を破ることのプラス・マイナスを経営者はどう考えているのか。このディスカウントストアのやり方は、ライバルたちの模倣を当然のように呼ぶ。そして近隣住民は、ますます迷惑することになる。商店街の個店に見られる早過ぎる閉店時間も考えものだが、一部大型店の深夜営業も一考の余地がある。

この例は消費社会を牽引する重要な位置を占め、産業全体に占める取引額も大きいにもかかわらず、なぜ流通業の社会的評価が上がらないのかとも関係する。「儲かること、ライバルを蹴散らすこと」が最終目的なのか。米国がたどってきたように日本でも産業構造の変化が、今後ますます流通業に人材をシフトさせる。しかし、業界全体のモラルが低ければ、高い使命感がなければ、社会的評価も今以上に上がることはなく、したがって、人材を募ることもままならないし、たとえ人材が入ったとしても長くそこにとどまることはない。これでは流通業の未来を暗くすることはあっても、明るくすることはない。

おそらく誰もが、自分は社会に必要とされているのか、あるいは自立できているのかを確認しながら、日々生きている。親は誰でも、『子供に自立してほしい』、『自分の生きる道を発見して、未来に向かって邁進してほしい』と願う。親の願いを子供が気づかないはずはない。しかし、この願いが叶えられるかどうかは、本人ばかりではなく社会にも依存するし、子供と親の関係にも依存する。身分制社会では「親が子供の人生を決定」した。果たして現代社会では「子供自身が自分の一生を決定できる」という簡単な図式が成り立つのだろうか。

高度成長時代は若者が「売り手市場」であったかもしれない。しかし、職場のICT化、グローバル競争の進展で「消え去る運命の職業や職場」は着実に増えていった。代表例は、かつて「職場の花」といわれたタイピストや金融機関の窓口係。また、「高コスト社会」の典型として槍玉に挙がった「高賃金」ゆえのリストラ（人減らし）の嵐は、見境もなく職場を席巻した。この余波を「予備軍」の若者が受けないはずはない。これは一部教育政策の問題といってよいだろう。社会の動きの速さにとまどうか思考停止したような教育を供給する側の愚から、直接被害を受けるのは若者たちだ。学問と社会の動きは決して無縁のものではない。むしろ「現場力」を着実に身につけることが、研究心や探求力を身につけさせる早道なのかもしれない。

ニート・フリーターは時代遅れの教育から

教育は人生を通じて必要とされるもの。そして、人間は成長とともにいつかは親の庇護から独立し離れてゆくもの。最も重要なきっかけは本人の就職だろう。しかし、就職に始まる自立がままならない状況がバブル崩壊からこの方続いてきた。それまでは日本全体で三％が失業率の天井だと思われていたのが、あれよあれよという間に四％、五％と上昇していった。とくに、中卒、高卒の新卒者の労働市場は極めて厳しい状態にある。おそらく誰もが自分は社会に必要とされているのか、あるいは自立できているのかを確認しながら日々生きている。それは、フリーターとかニート（勉強も嫌い、仕事も嫌い、どうしていいかわからず、親のすねをかじったりしながら生きている若者たち）とか呼ばれている人たちもそうだと思う。一八一万人（厚生労働省）とも一七〇万人（内閣府）ともいわれる彼らは「近頃の若い奴は、辛抱が足りないからだめなのだ」と年長組から非難される対象の代表かもしれないが、はじめから自発的選択の結果だったのだろうか。筆者は彼ら若者の心理的葛藤の大きさは如何ばかりのものか（あるいはものだったのか）と思わざるをえない。前にも述べたが、親は誰でも、子供に自立してほしい、自分の生きる道を発見してそれに向かって邁進してほしいと願う。親のこのような願いを子供が気づかないはずはない。しかし、願いが叶えられるかどうかは本人ばかりではなく、社会の状況にも依存するし、親の経済力や考え方にも依存する。

再び学びの場に舞い戻るシステムが、平均寿命八〇年の人口航路の至る所で用意されているのならまだいい。出発点のところで、とまどい、高卒の資格までいかなかったり、専門学校あるいは大学の門を叩けなかったりする。大学全入時代といわれているのに、この現実がある。こうした若者をどう訓練すべきか、おそらく、就職などのマッチングを円滑にする専門企業と大学や専門学校の連合体が機動的に引き受けるべき重要な課題だろう。

ところで、二〇歳代で選ぶ就職とは何だろうか。親も子も含めて、彼らを見ていると、実は「就社」を選択しているのではないかと思われるふしがある。確かに、人事ローテーションが確立している大会社なら、終身雇用を前提に社内で「適職」を発見できる場合も多い。小さな企業ではそれがままならない。したがって、大会社への「就社」が必ずしも社内出世と結びつかないとしても、「就社」もそれなりの合理性を持つ。はじめから適性に応じた職業選択ができているとすれば、あるいは職業教育や訓練が社会全般の教育システムに組み込まれているならば、「就社」を媒介とした就職が一般化することはない。「就社を媒介とした就職」が十分機能するのは、労働市場がいわゆる売り手市場のときに就社できた学生の場合だ。一般にいわれるよりも買い手市場で獲得した就社で新卒者が優遇されるわけではない。就社の前に多数が選別にかけられ、その結果大半の若者は次善の選択を余儀なくされる。その分妥協に妥協を重ねた就職だから、大半が三年といわず早めに転職の誘因が働く。

こうして、ニート・フリーター予備軍が生まれる素地ができあがる。かといって、彼らは自分の潜在的職業能力を必ずしも客観的に把握できているわけではない。むしろ、次善策しか選択できなかったグループほど、自己過大評価の傾向が強いし、期待と現実のギャップに驚く。したがって、若者に対する在学時から卒業後に及ぶ適切なケアが、大学の重要な課題として浮かび上がってくる。

労働需給の地域的ミスマッチ

もう少し、地域レベルで若者のキャリアデザインを阻む要因を考えてみよう。

地域の就業機会のウエイトの高い製造業、卸・小売業、福祉医療介護産業について検討してみる。この三業種の従業者数が各都道府県で占める割合を最小と最大で見ると、製造業が〇・二九%から九・五〇%。卸・小売業が〇・四二%から一五・〇三%。医療福祉介護産業が〇・五七から一〇・四四%となる。卸・小売業の構成比が地域的ばらつきでは最も大きく、医療福祉介護産業の構成比ばらつきが最も小さい。ここで生産年齢人口の一%の上昇が、代表的なこれら三業種の従業者数を何%増加するかを推計すると、製造業は〇・五八%、卸・小売業は〇・六六%、医療福祉介護産業は〇・五三％となっている。雇用吸収力は卸・小売業は他より高いが、地方の中心的商店街が軒並み衰退化している現状では、雇用吸収力は大型店舗に大半限定されてしまう。しかも、パートや派遣といった非正規労働の比率がかなり高い典型的職場ともいえる点で注意が必要だ。

ところで、少子高齢社会にもかかわらず、医療福祉介護産業の雇用吸収力が三業種の中で低く出ていることに注目すべきだ。需要で見れば、高齢化の進んだ地域ほどこれらのニーズは高くなる。高齢化の進んでいる地域は大都市よりも地方都市、市街地よりはむしろ郊外、中山間地である。しかし供給で見ると、これら医療福祉介護の職場は一般的に仕事の割には報酬が低い典型的な三K（きつい、危険、汚い）職場が多く、従事者の流動性が高く慢性的な人手不足状態にある。

事業を営む側も財政や規制の厳しさゆえに、積極的な展開を抑制した安全策を取らざるをえない。都市規模と、全産業に占める医療福祉介護産業構成比を見ると、人口密度も高く従事者を容易に確保しやすい大都市に偏在した事業展開となることが明白である。

だから、需給の典型的なミスマッチが都会と地方で起こっている。ミスマッチの解決は、需要側の対策では高齢者のまちなか居住推進であり、供給側の対策ではサービス提供者の確保や新規事業展開に対する財源確保や各種支援事業の徹底である。そして何よりも医療福祉介護産業のビジネスとしての将来性を保証する規制緩和が必要だ。「高福祉高負担」が国の将来を危うくするという、ステレオタイプの十分に検証していない仮説をいつまで抱き続けるのか。財政規律は、政策の重要性に対するメリハリを前提として議論されるべきものだ。

キャリア形成の危機

「労働予備軍」として若者がいかに弱い立場にあるか、身をもって知ったのは、バブル華やかなりし頃だ。筆者は国から数年間にわたり研究費をもらい、日系企業に働く現地採用者の意識調査（企業への忠誠心や仕事満足度、給与満足度、転職希望など）を欧米、アジアの主要各国で行った。その際に、欧米では失業率の高さに驚き、アジア各国では現地労働者の日系企業への忠誠心の低さに驚いた。とくに、一九八〇年代後半の欧米の経済不調は、若者の失業率を急上昇させていた。

他方、一九八〇－九〇年代前半当時の日本は全体で二％台の失業率を維持していたから、「ほとんど完全雇用」といってよい。とくに、バブル経済に酔いしれた時代、「若者は神様」で、内定と同時に接待づけだった。それに比較して欧州の失業率は七％から一〇％、若者の失業率はもっとひどくて、この倍ぐらいの率だった。この数字の意味は、当時の日本の常識からすれば到底理解できない。欧州では強い労働組合によって比較的中高年の職場が守られ、結果として無業者や若者の労働市場への新規参入が見送られていた。彼らは集団を組織してそれに抗議するような力も気概もない。だから大学を出ても家でぶらぶらしながら親の稼ぎを当てにする「パラサイト」状態の若者が急増し、一部では移民排斥騒動などが頻発して社会問題化していた。

このような状況下での日系企業の進出だった。地域は失業が減ると歓迎はしたが、需要が見込めることと貿易摩擦を恐れた日系企業側は、問題をたくさん抱えることも覚悟の進出だった。ある企業は高失業率に悩む産炭地に進出し、職にあぶれている若者に対しても門戸を開放していたが、彼らの退職率の高さ、忠誠心の低さに唖然としたという。しかし、彼らの日系企業への就職も短期間に生じる退職も、キャリアアップの手段という比較的ドライなものだという割り切りも必要だった。ところで、印象的だったのは、仕切りのない社員食堂に労働組合側から「管理者側との間に仕切りをつけてくれ」という要求が出されたこと。昼飯ぐらいは、気兼ねなく仲間（つまり同じような階級）同士で食わせてくれということか。日本では、工場長から新米従業員まで同じような制服を着て、社員食堂で食べるのが一般的だ。日本の階級の壁の低さとはいわないが、硬直的な階級社会は若者のキャリアデザインから多様性や国際性を奪い、そして彼ら若者の希望を奪い去ってしまうと考えないわけにはいかなかった。『日本で再現されたらたまらない』という感想を持ったことは確かだ。しかし、どうやら日本でも再現されつつあるようだ。

待ったなしの対策

大卒三年目で三五％弱が初の職場を辞めてしまう。これは大学が「現場力」を軽視してきたつけだともいえる。彼らの何割かは職を転々として非正規労働を強いられることになる。転職を無謀とか忍耐力の欠如とか評することは簡単だ。後悔先に立たずとはいっても、深く考えるきっかけがなかった彼らも、いろいろな経験を積むうちに正規労働への転化を必死で求めるようになる。しかし何らかの事情で気づきが遅かったため、チャンスを逃す場合が多い。それは景気が上向いても変わりはない。リストラに一息ついた企業の人事担当者は、「新卒市場」に目を向ける。同時に即戦力を求めて紹介専門企業のドアを叩くが、「第二新卒」を含めてニート・フリーター群に対しては、忍耐力が不足していると、醒めた目を向ける。

こうした状況から、さまよえる若者やその親たちが、ネットワーク多摩の「ネクストキャリアセンター」のドアを叩く。ネットワーク多摩加盟の四一の大学短大の卒業生は、毎年五万人を超える。うち、就職も卒業もしない学生が一・二万人ぐらい。そこに卒業生を加えると、推定約三万人の「さまよえる若者」が多摩地域に存在するだろう。「さまよえる若者」たちに、近年は春に卒業を控える四年生の就職未決定者も含まれつつある。

グローバル化の荒波の中で

大学もグローバル化したのかキャンパス内の留学生の数は着実に増えています。アジア諸国も政治的に安定した地域が拡大してきています。経済成長に伴って進学率も着実に上昇してきています。でも、やはり経済が脆弱なのでしょうか、高学歴だからといって必ずしも恵まれた就業機会があるとは限りません。極端な話、宇宙工学の学位がありながらタクシーの運転手といったケースはアジアでは珍しくはないのです。だから、帰国せずに日本で職をという留学生も着実に増えてきています。しかし、インドのICT産業の発展に見られるように、グローバル化した経済は、高賃金で硬直的な先進国の職を奪い、より魅力的な低賃金を求めて国境を越えてアウトソースするケースも増えてきます。ですからいつかは彼らの学力に十分ふさわしい職が増えてくるでしょう。

　ひところ、日本から工場がまるごと中国やベトナムなどに移転し、「経済の空洞化」が騒がれました。それが低コスト社会実現に向けて、市場メカニズム重視の政策に転換するきっかけにもなりました。このときの空洞化はいわゆる研究開発やハイテクなど中枢機能の移転ではなかったので、それほど深刻ではありませんでした。でも現在はインドや中国を例に取ればわかるように、ハイテク技術のアウトソーシングがそろそろ本格化しだしています。もちろん後続のベトナムやタイなどもチャンスを虎視《こし》眈々《たんたん》とねらっています。可能性がゼロではないことを先ほどの高学歴の運転手の例は暗示しているのです。チャンスが到来すれば、それこそあっという間に第二、第三のバンガロール（インドのハイテク都市）が世界中の至る所にできるでしょう。それをフリードマンは「フラット化する世界」と象徴的に名づけ、世界的ベストセラーをものにしました。

剥離する学力

日本の一五歳の学力が目に見えて落ちているという、ありがたくないOECDの学習到達度調査（PISA）の報告が、先頃出されました。あまり注目されていませんが、実は卒業後の学力の維持も危うくなりつつあります。いわゆる「学力の剥離」ということでしょうか。

　企業の余力が低下して、社員対象の研修がままならなくなっていることも確かです。もちろん「自己啓発に励めば」といういい方もありますが、勤務時間の延長や賃金の低下で、それもままならなくなっているのです。

　また、大学卒業後三年で転職を経験する割合が四〇%にもなろうとしています。これも企業が十分な人的投資に今一歩踏み出せない要因にもなります。

それに、戦後一貫して伸びてきた進学率に反比例して、初等・中等・高等教育の平均的な学力は低下気味です。私は大学で統計学というトップランクで「敬遠される」科目を教えていますが、文科系の学生には微積分はいうに及ばず、対数などの計算にいたっては、はじめからちんぷんかんぷんの有様です。「文科系だから数学的知識はゼロでもいい」は、グローバル時代には通用しません。

また、「卒業後、英語に触れるのは映画館だけ」などという空恐ろしい声も聞こえてきます。

人生八〇年時代、技術革新がドッグイヤーで進む時代、リカレントそして「学び直し」教育の充実は、「学力の剥離」と結果起こる国力の減退を防止する、喫緊の重要な国家的課題です。

むしろ、学校教育を生涯教育の一部分と考えるぐらいの教育大系を構築するべきときなのです。これは学校教育を若者だけのものと考えるのではなく、教員だけが「教える立場」を独占するのではなく、地域住民や企業も学び合う、教え合うメンバーとして積極的に活用すべきなのです。そうだとすれば「学び直し」を通じて、メンバーになるべく「学力の剥離」を防止しようという誘引がきっと働くはずです。

学生を積極的にキャンパス外に出して学ばせることの意味もそこにあります。社会で若者を育てることが、ますます重要になっています。

新しいライフスタイルの提案と大学の役割

これまで、学校は知的基礎力を培うところ、企業・地域社会あるいは家庭がマナーやコミュニケーションや積極性などの社会人基礎力を培うところ、といった暗黙の社会分業が前提であった気がします。しかし残念ながら、学校はいうに及ばず、このところ企業も地域社会もそして家庭も、その分業機能を著しく喪失してしまったようです。人生八〇年時代だからこそ、知的基礎力と社会人基礎力の学び直しが絶対に必要なのです。

大学は、このような構造的空隙を埋め合わせる役割を受け持つことを自覚しつつあります。一八歳人口の減少、入学前後の学生に対

世界の学界に君臨するハーバード大学

する補習の必要性、生涯教育ニーズの高まりなどから、本来の学部・大学院教育の外延部に広がる教育ニーズにも的確に応えなければならなくなったのです。

しかし、ニーズに応えるために人的・施設的なフルセットを用意することなど、今の大学の体力では到底できません。

そこで、大学と行政や地域社会、そして企業が「産官学連携」を組織して、ニーズに応えることを提案したい。さらに連携は大学を核とすべきことも論を俟《ま》ちません。なぜなら、都道府県はいざ知らず、複数の市町村にまたがる生活圏がすでに成立していますし、企業は性格上利潤動機を無視しえません。

アジア地域の台頭に伴い、日本はますます注目されるべきモデル

（あるいは尊敬に値する模範）を提示しなければならない時期でもあります。そのようなモデルを、例えば生き方（ライフスタイル）に関して果たして提案できるのでしょうか。筆者の体験上、尊敬されるべき提案は、「学び直し」の体系化と実践を、大学を核とした「産官学連携」から生まれてくると確信しています。

再チャレンジで希望のソリューション

正規社員よりも非正規社員の増加が問題になっている。一つは、景気が上昇しても非正規社員の数が一向に減る気配がないこと、むしろ企業規模の大きい事業所ほど非正規社員が増加しているという問題である。もう一つは、非正規社員と正規社員の待遇格差が一向に縮まらないこと、「同一労働、同一賃金」の鉄則がこの身分上の差で解消されていないという問題である。そして、非正規社員の待遇上の格差だけでなく、雇用上の不安定さも問題になっている。若年者の雇用状況は、経済活動の上下運動に直接影響される。若年者の非正規社員化が経済状況で引き起こされる可能性は、解消するどころか現在拡大傾向にある。だから、一九九〇年代までは経済先進国中で最も若年者の雇用が安定していた状況が一転し、二〇〇〇年代に入ってから若年者の雇用状況は低迷の一途をたどっている。おそらく先進国中で最低レベルに属してしまった。

また、雇用のミスマッチも深刻化しだしている。バブル崩壊後の雇用低迷は就職を希望する若年世代の圧倒的多数に、期待していたよりも待遇などの点で次善あるいはそれ以下の職しか供給しなかった。つまり、雇用のミスマッチが起こりうる大きな要因がそこに潜んでいた。だから期待通りの就職ができなかった若年世代の多くは、景気の上昇で有効求人倍率（一つの事業所が何人求人してくれるか）が高まると同時に大半が転職を希望する傾向がある。三年間で大学新卒者の三四％から三五％が転職を経験する理由がここにある。ところが一般に、「運よく」転職に成功する少数派と大多数の失敗派に分かれる。国際競争力を維持するために、極力人件費等のコスト削減を選択し、少数精鋭の長期雇用組つまり正社員組とその他組に入社と同時に分ける事業所が、規模の大小や業種の差を超えて増えてきている。

若年労働市場の量と質の両面で始まった劣化の中で、彼らの多くが「第二新卒」として新たな可能性を求めて、ネットワーク多摩のプロジェクトの門を叩くことになる。産官学連携によるネットワークの強みを生かしたプロジェクトは、文部科学省の「再チャレンジのための学習支援システムの構築」事業に採択された委託事業として、二〇〇七年度、二〇〇八年度と連続して委託されると同時に、二〇〇八年度は全国第二位の評価を得た。

委託事業の運営組織

まず多摩地域の大学、行政、商工会議所、企業、金融機関、雇用関連公益団体とで「多摩地域再

図11：多摩地域再チャレンジ事業の組織図と役割

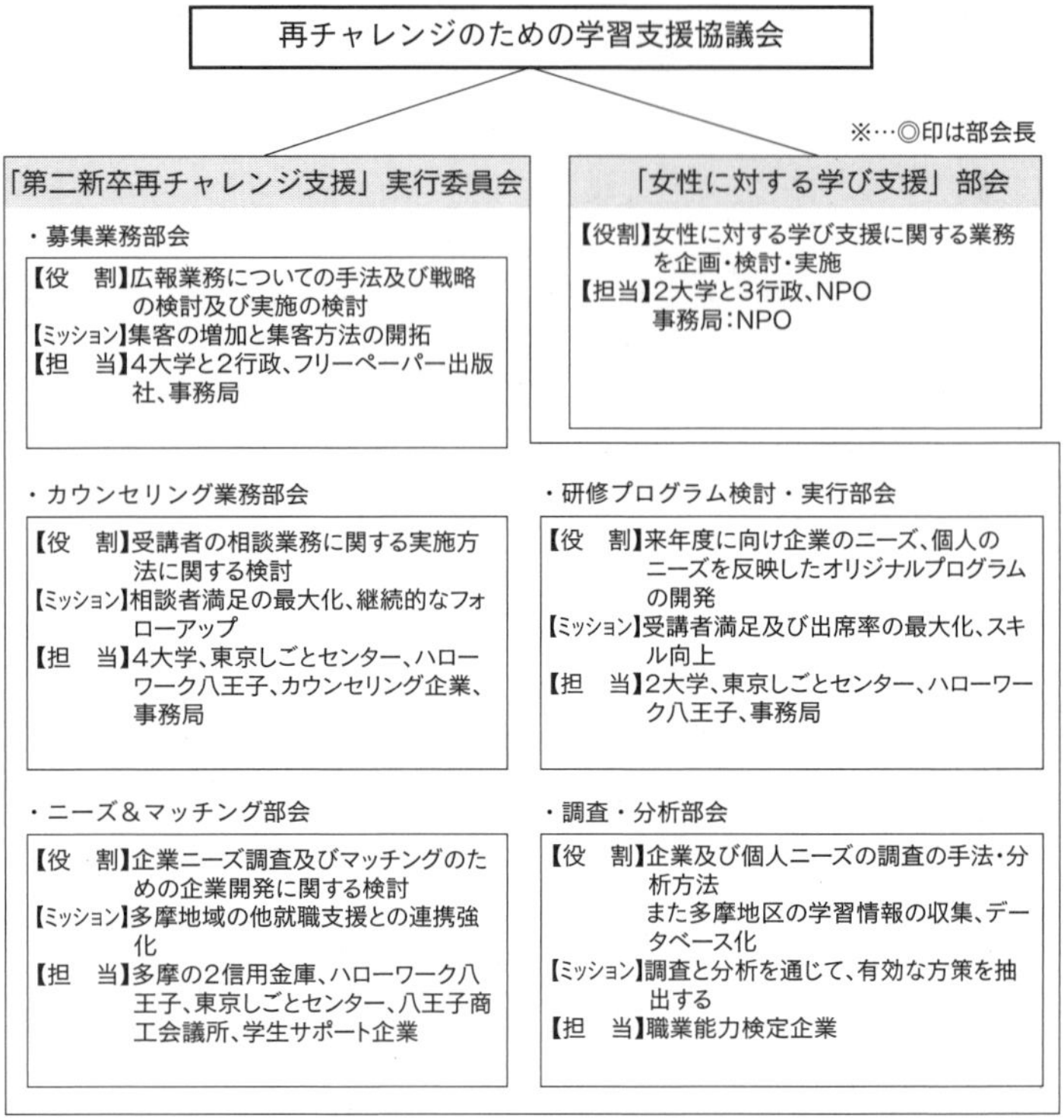

再チャレンジのための学習支援協議会
※…◎印は部会長
「第二新卒再チャレンジ支援」実行委員会
・募集業務部会
【役　割】広報業務についての手法及び戦略の検討及び実施の検討
【ミッション】集客の増加と集客方法の開拓
【担　当】4大学と2行政、フリーペーパー出版社、事務局
・カウンセリング業務部会
【役　割】受講者の相談業務に関する実施方法に関する検討
【ミッション】相談者満足の最大化、継続的なフォローアップ
【担　当】4大学、東京しごとセンター、ハローワーク八王子、カウンセリング企業、事務局
・ニーズ＆マッチング部会
【役　割】企業ニーズ調査及びマッチングのための企業開発に関する検討
【ミッション】多摩地域の他就職支援との連携強化
【担　当】多摩の2信用金庫、ハローワーク八王子、東京しごとセンター、八王子商工会議所、学生サポート企業
「女性に対する学び支援」部会
【役割】女性に対する学び支援に関する業務を企画・検討・実施
【担当】2大学と3行政、NPO
事務局：NPO
・研修プログラム検討・実行部会
【役　割】来年度に向け企業のニーズ、個人のニーズを反映したオリジナルプログラムの開発
【ミッション】受講者満足及び出席率の最大化、スキル向上
【担　当】2大学、東京しごとセンター、ハローワーク八王子、事務局
・調査・分析部会
【役　割】企業及び個人ニーズの調査の手法・分析方法
また多摩地区の学習情報の収集、データベース化
【ミッション】調査と分析を通じて、有効な方策を抽出する
【担　当】職業能力検定企業

チャレンジ学習支援協議会」を組織した。産官学の異業種間連携ネットワークを最大限に活用するためである。例えば、加盟大学にはOB・OG会の広報手段を介して事業を「第二新卒」者や就職先未決定の四年生に周知してもらうことで、事業の認知と普及を図る。また、教育委員会を含め行政には、交通至便な公共施設を格安あるいは無料で提供してもらう、あるいは広報誌

に事業紹介をしてもらう。商工会議所や金融機関には、有名無名にかかわらず多摩地域の優秀な事業所を紹介してもらう。ハローワークなどとはパンフレットを常備させてもらうと同時に、受講生の紹介を依頼し、企業とのマッチングの機会を相互に融通しあうなどが代表的な連携作業である。

協議会の下に「第二新卒再チャレンジ支援」実行委員会を置いて、具体的に事業実行を行う五業務部会を統括している。五業務部会としたのは、再チャレンジ事業の特色として「ワンストップ型支援」を謳《うた》っていることから、募集、カウンセリング、プログラム研修、ニーズ&マッチング、調査分析・研修成果の評価のサイクルを念頭に置いていることによる。そして「第二新卒」の就職支援は「時間との勝負」であることから、常にマクロ経済の状況、雇用動向に注目したリサーチを繰り返すことで機動的な組織の運営を目指す。また、子育て期間中、期間後の現役復帰に自信を失いがちであったり、新しいスキルを身につけたいと思っている女性のキャリア支援を専門にする部会を「第二新卒」対象事業から独立させて併置した（図11参照）。また活動成果を上げるために、他の専門支援機関と機能的な連携を常に模索しながら組織も活動内容も強化してきている。

事業に関わる活動内容

多摩地域の拠点駅である立川駅南口のビルの一角にネットワーク多摩の活動拠点『アゴラ立川』を二〇〇五年に設置し、そこを中心にして活動（月曜日から金曜日午前一〇時から午後五時までの時間帯）している。それでは具体的な活動内容を「ワンストップ型支援事業の流れ」に沿って紹介する。

〈二〉事業情報の提供

情報提供の窓口として活動拠点の『アゴラ立川』、連携相手の『東京しごとセンター多摩』、『たちかわ若者サポートステーション』と第二新卒を中心とする求職者への仕事先や研修機会の情報共有を密にして受講生の相互紹介を促進する。と同時に、主だった地域のハローワークとの連携も図った。また利用者の便宜を図り、受講の受付などの電話利用時間を二四時間体制に延長した。さらに、インターネットを利用して三六五日、二四時間体制でパソコンや携帯から「いつでもどこからでもアクセス」できる相談窓口とセミナー申し込みのサイトを開設した（ホームページＵＲＬ http://www.nw-tama.jp/re/）。なお相談申込者対象のアンケートでは、事業の認知媒体としては連携機関の照会がトップ、次いで大学からの紹介、行政広報誌、新聞等の広告、ホームページ、家族・友人紹介と続く。各協力機関との連携の密度が推し量れるだろう。

学習機会の情報提供として他に、行政窓口や大学の就職担当窓口、そしてネットワーク多摩加盟の鉄道会社などを通じてチラシやポスターを駅の構内等に常置させた。また、携帯からアクセス可能な「モバイルアカデミー」を導入し、第二新卒や学生を対象に情報提供を積極的に進めた。連携機関との情報共有のほかに、多種多様なメディアを活用して事業の認知度を上げることで、相談者を増やし、受講生を増やすことに努めている。就職活動にすっかり自信を失い、家に引きこもりがちになったり、世の中に背を向けがちになる彼らに対して事業の存在と実効性を一刻でも早く認知させることの重要性は論を俟《ま》たない。

〈二〉相談機会の提供

活動拠点『アゴラ立川』に週三日から四日間、キャリア教育一筋のもと大学職員のキャリアアドバイザーを一名配置した相談窓口を設けた。相談者はもと正規社員からアルバイト、学生まで多岐にわたっている。まず相談者に対して、主として学習機会の情報提供、社会人基礎力（自己分析力、自己アピール力、自助努力・自己責任能力、リスク回避力など）を判定する「自己発見テスト」の実施とそれに基づくカウンセリングや学習機会の紹介とともに、相談にくる若者の経歴などに基づき就職相談や就職先の紹介業務などを行う。また、履歴書や職務経歴書の書き方、企業情報の入手の仕方、面接に望む心構えなどの具体的な指導も行う。また連携のネットワークを活用し、また支援のネットワークの核となって、立川、八王子の各ハローワーク、『東京しごとセンター』、『立川若者サポートステーション』、職業能力開発センター、加盟大学、行政の市民教育、商工会議所などの再就職、起業セミナーなどの開催情報を相互に融通しあい、相談者に情報提供とアドバイスを行うと同時に、企業合同説明会などの共催に踏み出している。

〈三〉学習機会の提供

学習のプログラムは、受講生の状況を勘案して選択の幅を拡充する工夫をした。すなわち時間的制約のある受講生などに対して、半日から四日コースの短期講座を設置。具体的には、「ＩＴ基礎訓練プログラム（半日コース）」（講座回数四回、延べ受講生七〇名）、そして年度中頃から毎月のように開催される「就職活動基礎講座（半日コース）」（講座回数四回、延べ受講生一八名）のほか、「コミュニケーションセミナー（二日コース）」（講座回数一二回、延べ受講生一一四名）を設けた。

また、事業のメインである「就職面接突破セミナー」は、週四回×二週間のAコースと週三回×二週間の、二つのコースがある（講座回数三六回、延べ受講生二七三名）。コースの具体的内容は、自己分析、他己分析、パントマイムなどでウォーミングアップをして、街に出ての取材、履歴書の書き方、受講生相互で模擬面接し評価しあう、そして最後にプロの人事担当者との模擬面接などだ。

八回コース一つだけであったときと比較して、講座の種類の多様化と選択や受講の利便性が向上したので参加者と講座修了者の数は増加した。と同時に、講座による効果は統計的にも有意に出ている。就職活動や就職の可能性などに関する不安感が大幅に軽減されてきた。ただし履歴書等を熟度高く完成させる必要性を自覚して負担感が高く出ていることは注目される。本気で再チャレンジすることの意味と反面今までの自分を反省することで、履歴書記載へのとまどいも出てくるのだ。しかしこの心理的弱みを克服しなくては、再チャレンジは覚つかない。

〈四〉企業とのマッチング

各種広報活動の充実と事業の継続によって、受講生の増加のみでなく、受け入れ可能で意欲的な企業への事業の認知度の向上という思わぬ副次効果も現れた。また地元金融機関や行政が開催する地域での産業祭や企業展、それにシンポジウムへ積極的に参加し、PRに努力したことによって、受け入れ先となる企業への知名度の向上も図れた。まず、本事業が主催する「企業合同説明会」と銘打った独自のマッチング活動を、地元金融機関の信用情報ネットワークを最大限活用させてもらい、三回実施した。

金融機関のお墨付きの優秀企業のリストから参加を募った結果、参加企業は延べ一九社に上り、求職のために参加した第二新卒は延べ参加者四二名となった。三回のマッチングから正規社員として内定したのは三名（三／四二＝〇・〇七）であった。また参加してくれた企業の満足度は高く、参加した企業の七三％が「大変満足した」あるいは「満足した」と答えた。また第二新卒を中心とした求職者の印象を「新卒者と見劣りしない（五三％）」という回答とともに「新卒者に見劣りする（二〇％）」と回答している企業がまだ多い点は受講生のトレーニングと、事業のPRを重ねる努力の必要性という今後の課題を示唆している。

さらに受講生や相談者に対して、民間企業が実施する合同就職説明会（一六件）と、連携機関である各地のハローワークや『東京しごとセンター』のセミナー（二八件）を紹介した。受講生や相談窓口登録者対象のマッチングの機会を連携機関にまで広げた結果、合計で七二人が内定し、うち正社員として内定を獲得したのは一二名であった。

残された課題

多少の景気持ち直しがあろうと、雇用情勢は一向に改善する気配がない。とくに、大半の地方の産地では世界同時不況の打撃を受け、輸出産業や大企業の下請けを中心に工場閉鎖や人員削減の波が押し寄せている。それが地域の取引先の業績を悪化させ、地域経済の悪化と雇用情勢の悪化を加速化させる。また、地方自治体の財政難から、雇用情勢を改善する抜本的な景気対策を講じる力は地方単独ではできないところまできている。

このような情勢下では、大学新卒はおろか、就職氷河期を体験した「第二新卒」組の再チャレンジは、一段と厳しい環境に置かれることになる。洋の東西を問わず、新卒時の雇用情勢が生涯賃金の水準を決定する。「第二新卒」の若者の再チャレンジに対する社会的支援は、必要不可欠のものである。とくに、雇用情勢が悪化の一途をたどっている現在、カウンセリング・トレーニング・マッチングのワンストップ型就職支援事業は、一段と必要性を増している。団塊の世代のリタイアを受け、第二新卒も含め若者対象のスキルアップ支援や雇用情勢の改善などによる人的資本の充実と活用の工夫は、少子化の中で日本経済にとって喫緊の課題である。

課題解決は長期的な視点とグローバル戦略によって、国と地方で官民共同で行わなければ効果が出ない。「人口は職を求めて移動する」が、その人口は情報、アイディア、経済力をもって移動する。そして移動するのが若い世代なら、三つの要素だけでなく、将来世代を準備する可能性までひつくるめて地域から地域へ移動させる。それは可能性や希望を求めて国境を越える場合もあることを、そろそろ少子化に悩む我が国も地域もそして家庭も気づくべき時がきている。

以上のことから、ネットワーク多摩で推進している「再チャレンジのための学習支援システムの構築」のための事業は、委託期間が終了しても何らかの資金提供を受ける算段を模索しながら、継続しなければならない社会的使命を持つ。と同時に、この社会的使命をぜひ達成するべく、今後も努力してゆきたいし、我々の経験やノウハウを広く社会に還元できたらと願っている。

まさしく、コミュニティビジネス、あるいはソーシャルビジネスとしての確立を、この連携組織は社会から要請されている。

Teatime

「さまよえる若者たち」の再チャレンジ

「机を片づけて、円座に椅子を並べて」といっても、うろうろしたり、どうしてそうするのかと不満そうな顔をする受講生一六人。出席するのはまだマシ。出席の返事を出しておきながら、来ない若者も。あらかじめカウンセリング用の個人調書に目を通していましたが、実際の人物とのイメージのギャップにとまどいます。

これは、「社会人基礎力」（社会で生き抜くために必要な、主体性や積極性、他人との協調性やリーダーシップ、計画性や実行力、課題発見力や想像力、コミュニケーション能力や理解力、判断力や耐久力などの総称）のいくつかでも身につけてもらうためのセミナーが始まるときの様子です。このセミナーを主催するほうだって、「社会人基礎力」が十分ではないと、密かに思っているのです。しかし、受講生たちいわゆる「さまよえる若者たち」の再チャレンジの機会をできるだけ早く、できるだけ多く提供することが、このセミナーのミッション。週二回、水曜日は午後六時から九時まで、土曜日は午前九時から一二時までの各三時間をじっくり彼らと付き合います。着実に手応えのあるこの「手作りセミナー」の紹介をします。同じような「さまよえる若者」を抱える地域社会が全国どこでも存在しているので、一つの参考事例となるからです。

最初の回で、エレベーターの中で出会ってもろくに挨拶のできない受講生がいました。彼女が、セミナーを受けている過程でみるみる顔が輝きだしました。自身の持っている良さに気づいたのです。もちろん、セミナー受講生同士の相互影響の賜物かもしれませんが、自らも『変わろう』、『変わってやろう』という意思が生まれてきたことにもよるのではないでしょうか。そして、この意識の変化を仲間が認めてくれたのでしょう。

計八回のセミナーが終了したときに、彼女は「こんなに素晴らしいセミナーを自分たちだけで独占するのはもったいない。もっとPRするために、私がポスターをデザインしますよ」と提案してくれました。

　こうして、若者が一人ひとり、社会に「再チャレンジ」研修の成果を試しに巣立ってゆきます。

「教えることは学ぶこと」といったのは福沢諭吉です。その通り。私もセミナーの講師として、彼女や他の受講生から教えられることは実に多い。いくつになっても教育は「人を変える」スーパーパワーを持っているのです。

再チャレンジ受講風景

終わりに

読者と新しい政策デザインを模索する旅がひとまず終わった。正直まだデザインらしきものが見えてはきていないが、どのようなデザインがこれから求められるのか、どのようなデザインが私たちの価値観や感覚に合わないのかを判断する尺度が見え隠れする段階にまできたような気がする。

それは昨今の一連の国民選択の結果を見れば一目瞭然だ。政権交代を選択し、いったん任せてはみたものの、謙虚さや学習力の点でまだまだ見劣りする民主党政権に灸《きゅう》を据えたり、そうかといって元の政権党に全面的に権力を移転させるまでには至らないと判断したり、日本国民のスマートさにつくづく感心させられる。それだけ、国民も太平天国の夢を貪《むさぼ》りすぎたので、情勢の悪化を目の当たりにして少々慌てだしているのかもしれない。霞ヶ関と永田町に任せていると自分たちの今日明日の生活が危うくなると判断し、地域や自分たちのことは自分たちで決定しなければ最善の道は開かれないことを薄々感じ始めたからともいえる。

このあとがきを書いている際中にも、日本はグローバル化の波の中で進路を一生懸命に模索している。本書の冒頭近くで、先進国グループの中で劣等生に仲間入りしたと書いた。それなのに、ある面では国力を示す円は「買われ続け」ている。世界が日本に期待している証拠ではあるまいか。日本はまだまだ捨てたものではないよという声援と期待が、そこに込められてはいないか。確かに、経済大国の地位をお隣中国に奪われつつあるかもしれないが、社会基盤の強固さや国民のスマートさに対する内外の信頼は実に高いことをもう一度確認し、自信を持って明日に向かって踏み出してゆけばよい。それだけのポテンシャルを国民一人ひとりが持っていることを、日本各地を訪ねて私は確信した。その途中リポートとして、本書を読むこともできる。

本書は『スマートコミュニティ』上梓から約一〇年。その間に書きためた日本計画行政学会、日本公共政策学会の学会誌である『計画行政』、『公共政策の研究』への寄稿論文、日本経済新聞社朝刊「経済教室」に発表した研究リポート、私が理事を務める政策研究フォーラム、流通システム開発センターの機関誌である『改革者』、『流通とシステム』に定期寄稿しているエッセイや各種の専門誌への寄稿文等をもとにしている。しかし、内容も表現も初出原稿の原形を留めないほど大幅に書き換えた。

本とは筆者の考え方から出てきた子供といってよい。私以外の読者に評価され、愛されてこそ出版した甲斐《かい》があるというもの。そして世に送り出した者の責任は重い。

さて、本書は私の研究室の教え子や秘書たちの協力なしには到底完成しなかった。いつも時間に追われ、諸事雑用に追われる生活を繰り返しているからだ。博士後期課程に在学中の岡林宏曉君、錯綜し困難を極めるスケジュール調整と時には留守がちの私の代わりに学生の相談に乗る秘書の三好由香君にお礼をいいたい。また、中央大学出版部の柴﨑郁子さんとの絶妙のコンビなくして、こんなに早くこの本を世に出すことは到底できなかった。皆さんにお礼をいいたい。

なお、この本を亡き義父・星幸蔵に捧げたい。学者になることに諸手を挙げて賛同し、物心両面から支えてくれた。著作が刊行されるたびに、感想を送ってくれもした。本書の完成も心待ちにしていたのだが、このあとがきを書く前に旅立ってしまった。

二〇一〇年八月七日　義父の思い出とともに

細野助博

参考文献

第一章

エインズリー、ジョージ（山形浩生訳）『誘惑される意志』NTT出版、二〇〇六年。

ケインズ、ジョンM『雇用、利子および貨幣の一般理論（上・下）』岩波書店、二〇〇八年。

サットン、ジョン（酒井泰弘他監訳）『経済の法則とは何か』麗澤大学出版会、二〇〇七年。

スミス、アダム（山岡洋一訳）『国富論（上・下）』日本経済新聞出版社、二〇〇七年。

バラバシ、アルバート＝ラズロ（青木薫訳）『新ネットワーク思考』NHK出版、二〇〇二年。

ブキャナン、マーク（坂本芳久訳）『複雑な世界、単純な法則』草思社、二〇〇五年。

ブキャナン、マーク（水谷淳訳）『歴史は「べき乗法則」で動く』早川書房、二〇〇九年。

フリードマン、トーマス（伏見威蕃訳）『フラット化する世界』日本経済新聞出版社、二〇〇八年。

ヤーギン、ダニエル他（山岡洋一訳）『市場対国家（上・下）』日本経済新聞社、一九九八年。

リン、ナン（筒井淳也他訳）『ソーシャル・キャピタル』ミネルヴァ書房、二〇〇八年。

ローウェンシュタイン、ロジャー（東江一紀他訳）『最強のヘッジファンドLTCMの興亡』日本経済新聞社、二〇〇五年。

青山秀明他『パレート・ファームズ』日本経済評論社、二〇〇七年。

西口敏宏『遠距離交際と近所つきあい』NTT出版
細野助博『中心市街地の成功方程式』時事通信社、二〇〇七年。

第二章

アカロフ、ジョージ他（山形浩生訳）『アニマルスピリット』東洋経済新報社、二〇〇九年。

クルーグマン、ポール（三上義一訳）『格差はつくられた』早川書房、二〇〇八年。

セイラー、リチャード（篠原勝訳）『セイラー教授の行動経済学入門』ダイヤモンド社、二〇〇七年。

タレブ、ナシーム（望月衛訳）『まぐれ』ダイヤモンド社、二〇〇八年。

ブキャナン、マーク（坂本芳久訳）『人は原子、世界は物理法則で動く』白楊社、二〇〇九年。

マンデルブロ、ベノワ他（高安秀樹監訳）『禁断の市場』東洋経済新報社、二〇〇八年。

ムロディナウ、レオナード（田中三彦訳）『たまたま』ダイヤモンド社、二〇〇九年。

鶴光太郎『日本の経済システム改革』日本経済新聞社、二〇〇六年。

細野助博『スマートコミュニティ』中央大学出版部、二〇〇〇年。

第三章

オルソン、マンサー（加藤寛監訳）『国家興亡論』PHP研究所、一九九一年。

カプラン、ブライアン（長峯純一他監訳）『選挙の経済学』日経BP社、二〇〇九年。

ドスタレール、ジル（鍋島直樹他監訳）『ケインズの闘い』藤原書店、二〇〇八年。

パウンドストーン、ウイリアム（篠儀直子訳）『選挙のパラドクス』青土社、二〇〇八年。

マクミラン、ジョン（瀧澤弘和他訳）『市場を創る』NTT出版、二〇〇七年。

ヤーギン、ダニエル他（山岡洋一訳）『市場対国家（上・下）』日本経済新聞社、一九九八年。

ルピア、アーサー他（山田真裕訳）『民主制のジレンマ』木鐸社、二〇〇五年。

加藤寛編『入門公共選択』勁草書房、二〇〇五年。

今村津南雄『官庁セクショナリズム』東京大学出版会、二〇〇六年。

小西秀樹『公共選択の経済分析』東京大学出版会、二〇〇九年。

曽我謙悟『ゲームとしての官僚制』東京大学出版会、二〇〇五年。

太田弘子『経済財政諮問会議の戦い』東洋経済新報社、二〇〇六年。

細野助博『現代社会の政策分析』勁草書房、一九九五年。

細野助博他『中央省庁の政策形成過程（正・続）』中央大学出版部、一九九九年、二〇〇二年。

牧原出『行政改革と調整のシステム』東京大学出版会、二〇〇九年。

第四章

アクセルロッド、ロバート（寺野隆雄監訳）『対立と協調の科学』ダイヤモンド社、二〇〇三年。

アクセルロッド、ロバート（松田弘之訳）『つきあい方の科学』ミネルヴァ書房、一九九八年。

ジーグフリード、トム（冨永星訳）『もっとも美しい数学ゲーム理論』文藝春秋、二〇〇八年。

セネット、リチャード（北山克彦他訳）『公共性の喪失』晶文社、一九九一年。

デランティ、ジェラード（山之内靖他訳）『コミュニティ』NTT出版、二〇〇六年。

トクヴィル、アレクシス（松本礼二訳）『アメリカのデモクラシー』岩波書店、二〇〇五年。

パットナム、ロバート（柴内康文訳）『孤独なボーリング』柏書房、二〇〇六年。

フクヤマ、フランシス（鈴木主税訳）『「大崩壊」の時代（上・下）』早川書房、二〇〇〇年。

フランク、ロバート（山岸俊雄監訳）『オデッセウスの鎖』サイエンス社、一九九五年。

ペッカネン、ロバート（佐々田博教訳）『日本における市民社会の二重構造』木鐸社、二〇〇八年。

ヘントン、ダグラス他（小門裕幸監訳）『社会変革する地域市民』第一法規、二〇〇四年。

リドリー、マット（岸由二監訳）『徳の起源』翔泳社、二〇〇〇年。

下河辺淳他『ボランタリー経済の誕生』実業之日本社、一九九八年。

羅一慶『日本の市民社会におけるNPOと市民参加』慶応義塾出版会二〇〇八年。

第五章

エルキントン、ジョン他（関根智美訳）『クレイジー・パワー』英治出版、二〇〇八年。

グラノベッター、マーク（渡邉深訳）『転職』ミネルヴァ書房、一九九八年。

コトラー、フィリップ他（スカイライトコンサルティング訳）『社会が変わるマーケティング』英治出版、二〇〇七年。

シャピロ、カール他（千本倖生監訳）『ネットワーク経済の法則』IDGジャパン、一九九九年。

ジョンソン、スティーブン（山形浩生訳）『創発』ソフトバンク、二〇〇四年。

ハーシュマン、アルバート（矢野修一訳）『離脱・発言・忠誠』ミネルヴァ書房、二〇〇五年。

ハート、スチュアート（石原薫訳）『未来を創る資本主義』英治出版、二〇〇八年。

バート、ロバート（安田雪訳）『競争の社会的構造』新曜社、二〇〇六年。

バラバシ、アルバート＝ラズロ（青木薫訳）『新ネットワーク思考』NHK出版、二〇〇二年。

ブキャナン、マーク（坂本芳久訳）『複雑な世界、単純な法則』草思社、二〇〇五年。

フロリダ、リチャード（井口典夫訳）『クリエイティブ・クラスの世紀』ダイヤモンド社、二〇〇七年。

ポーター、マイケル（竹内弘高訳）『競争戦略論Ⅰ・Ⅱ』ダイヤモンド社、一九九九年。

マクミラン、ジョン（瀧澤弘和他訳）『市場を創る』NTT出版、二〇〇七年。

リン、ナン（筒井淳也他訳）『ソーシャル・キャピタル』ミネルヴァ書房、二〇〇八年。

ワッツ、ダンカン他（辻竜平他訳）『スモールワールド・ネットワーク』阪急コミュニケーション、二〇〇四年。

宇沢弘文他編『社会的共通資本』東京大学出版会一九九四年。

宇沢弘文他編『都市のルネッサンスを求めて』東京大学出版会、二〇〇三年。

桂木隆夫『公共哲学とは何だろう』勁草書房二〇〇五年。

西口敏宏『遠距離交際と近所つきあい』NTT出版。

細野助博『中心市街地の成功方程式』時事通信社、二〇〇七年。

細野助博監修『実践コミュニティビジネス』中央大学出版部、二〇〇三年。

第六章

クルーグマン、ポール（北村行伸他訳）『自己組織化の経済学』東洋経済新報社一九九七年。

クルーグマン、ポール（北村行伸他訳）『脱「国境」の経済学』東洋経済新報社、一九九四年。

サクセニアン、アナリー（大前研一訳）『現代の二都物語』講談社、一九九五年。

ジェイコブズ、ジェーン（中村達也・谷口文子訳）『都市の経済学』TBSブリタニカ、一九八六年。

ジェイコブズ、ジェーン（中江利忠・加賀谷洋一訳）『都市の原理』鹿島出版会、一九七一年。

ジェイコブズ、ジェーン（山形浩生訳）『アメリカ大都市の死と生』鹿島出版会、二〇一〇年。

ベリー、ブライアン（伊藤達雄訳）『都市化の人間的結果』鹿島出版会、一九七六年。

細野助博『スマートコミュニティ』中央大学出版部、二〇〇〇年。

細野助博『中心市街地の成功方程式』時事通信社、二〇〇七年。

宮尾尊弘『現代都市経済学』日本評論社、一九九五年。

山田昌弘『パラサイトシングルの時代』筑摩書房、一九九九年。

第七章

ウイリス、ポール（熊沢誠他訳）『ハマータウンの野郎ども』筑摩書房、一九九六年。

ブリュデュー、ピエール（宮島喬訳）『再生産』藤原書店、一九九四年。

苅谷剛彦『学歴と不平等』朝日新聞出版社、二〇〇八年。

苅谷剛彦『教育と平等』中央公論社、二〇〇九年。

小林雅之『進学格差』筑摩書房、二〇〇八年。

竹内洋『日本のメリトクラシー』東京大学出版会、一九九五年。

細野助博『スマートコミュニティ』中央大学出版部、二〇〇〇年。

細野助博他『消え去る大学、生き残る大学』中央アート出版社、二〇〇九年。

細野助博他『中央省庁の政策形成過程（正・続）』中央大学出版部、一九九九年、二〇〇二年。

吉川徹『学歴分断社会』筑摩書房、二〇〇九年。

第八章

アレント、ハンナ（志水速雄訳）『人間の条件』筑摩書房、一九九四年。

大竹友雄『日本の不平等』日本経済新聞社、二〇〇五年。

玄田有史『仕事の中の曖昧な不安』中央公論社、二〇〇五年。

小杉礼子『フリーターとニート』勁草書房、二〇〇五年。

白波瀬佐和子『日本の不平等を考える』東京大学出版会、二〇〇九年。

白波瀬佐和子『変化する社会の不平等』東京大学出版会、二〇〇六年。

橘木俊基『格差社会』岩波書店、二〇〇六年。

堤未果『ルポ貧困大国アメリカ』岩波書店、二〇〇八年。

フリードマン、トーマス（伏見威蕃訳）『フラット化する世界』日本経済新聞社、二〇〇八年。

細野助博『現代社会の政策分析』勁草書房、一九九五年。

細野助博『スマートコミュニティ』中央大学出版部、二〇〇〇年。

細野助博他『消え去る大学、生き残る大学』中央アート出版社、二〇〇九年。

本田由紀『教育の職業的意識』筑摩書房、二〇〇九年。

本田由紀『若者と仕事』東京大学出版会、二〇〇五年。

山田昌弘『希望格差社会』筑摩書房、二〇〇七年。

［わ－ん］

[た - と]

［さ - そ］

索　引

著者略歴 ▷ **細野助博**（ほその すけひろ）

中央大学総合政策学部教授・中央大学大学院公共政策研究科教授。1981年、筑波大学大学院社会工学研究科博士課程修了。1997-98年、メリーランド大学大学院客員教授。

◆日本計画行政学会専務理事、多摩ニュータウン学会会長、美しい多摩川フォーラム会長、政策研究フォーラム理事。財務省審議会委員、八王子市教育委員、日本公共政策学会会長、川崎市港湾経営委員長、社団法人ネットワーク多摩専務理事などを歴任。

◆『中心市街地の成功方程式』（時事通信社）、『政策統計―「公共政策」の分析ツール』『スマートコミュニティ』（中央大学出版部）、『現代社会の政策分析』（勁草書房）など、編著書多数。平成14年度日本計画行政学会学術賞論説賞受賞。

コミュニティの政策デザイン
人口減少時代の再生ソリューション

二〇一〇年一〇月八日 初版第一刷発行

著 者 ―― 細野助博
発行者 ―― 玉造竹彦
発行所 ―― 中央大学出版部
東京都八王子市東中野七四二－一
〒一九二－〇三九三
電 話 〇四二－六七四－二三五一
FAX 〇四二－六七四－二三五四
http://www2.chuo-u.ac.jp/up/

印刷・製本 ― 藤原印刷株式会社

ISBN978-4-8057-6178-6